Sitzungsberichte der Heidelberger Akademie der Wissenschaften

Mathematisch-naturwissenschaftliche Klasse

Die Jahrgänge bis 1921 einschließlich erschienen im Verlag von Carl Winter, Universitätsbuchhandlung in Heidelberg, die Jahrgänge 1922—1933 im Verlag Walter de Gruyter & Co. in Berlin, die Jahrgänge 1934—1944 bei der Weißschen Universitätsbuchhandlung in Heidelberg. 1945, 1946 und 1947 sind keine Sitzungsberichte erschienen.

Ab Jahrgang 1948 erscheinen die „Sitzungsberichte" im Springer-Verlag.

Inhalt des Jahrgangs 1950:

1. W. TROLL und W. RAUH. Das Erstarkungswachstum krautiger Dikotylen, mit besonderer Berücksichtigung der primären Verdickungsvorgänge. DM 13.40.
2. A. MITTASCH. Friedrich Nietzsches Naturbeflissenheit. DM 8.80.
3. W. BOTHE. Theorie des Doppellinsen-β-Spektrometers. DM 1.90.
4. W. GRAEUB. Die semilinearen Abbildungen. DM 7.20.
5. H. STEINWEDEL. Zur Strahlungsrückwirkung in der klassischen Mesonentheorie. — Die klassische Mesondynamik als Fernwirkungstheorie. DM 1.80.
6. B. HACCIUS. Weitere Untersuchungen zum Verständnis der zerstreuten Blattstellungen bei den Dikotylen. DM 6.20.
7. Y. REENPÄÄ. Die Dualität des Verstandes. DM 6.80.
8. PETERSSON. Konstruktion der Modulformen und der zu gewissen Grenzkreisgruppen gehörigen automorphen Formen von positiver reeller Dimension und die vollständige Bestimmung ihrer Fourierkoeffizienten. DM 9.80.

Inhalt des Jahrgangs 1951:

1. A. MITTASCH. Wilhelm Ostwalds Auslösungslehre. DM 11.20.
2. F. G. HOUTERMANS. Über ein neues Verfahren zur Durchführung chemischer Altersbestimmungen nach der Blei-Methode. DM 1.80.
3. W. RAUH und H. REZNIK. Histogenetische Untersuchungen an Blüten- und Infloreszenzachsen sowie der Blütenachsen einiger Rosoideen, I. Teil. DM 10.—.
4. G. BUCHLOH. Symmetrie und Verzweigung der Lebermoose. Ein Beitrag zur Kenntnis ihrer Wuchsformen. DM 10.—.
5. L. KOESTER und H. MAIER-LEIBNITZ. Genaue Zählung von β-Strahlen mit Proportionalzählrohren. DM 2.25.
6. L. HEFFTER. Zur Begründung der Funktionentheorie. DM 2.30.
7. W. BOTHE. Die Streuung von Elektronen in schrägen Folien. DM 2.40.

Inhalt des Jahrgangs 1952:

1. W. RAUH. Vegetationsstudien im Hohen Atlas und dessen Vorland. DM 17.80.
2. E. RODENWALDT. Pest in Venedig 1575—1577. Ein Beitrag zur Frage der Infektkette bei den Pestepidemien West-Europas. DM 28.—.
3. E. NICKEL. Die petrogenetische Stellung der Tromm zwischen Bergsträßer und Böllsteiner Odenwald. DM 20.40.

Sitzungsberichte
der Heidelberger Akademie der Wissenschaften
Mathematisch-naturwissenschaftliche Klasse
Jahrgang 1968, 2. Abhandlung

Analytische Familien affinoider Algebren

Von

Reinhardt Kiehl

III. Mathematisches Institut der Universität Münster

(Vorgelegt in der Sitzung vom 11. November 1967)

Heidelberg 1968
Springer-Verlag

ISBN-13: 978-3-540-04333-1 e-ISBN-13: 978-3-642-46145-3
DOI: 10.1007/978-3-642-46145-3

Titel-Nr. 3712

Analytische Familien affinoider Algebren

REINHARDT KIEHL
III. Mathematisches Institut der Universität Münster

Einleitung

Wir wollen in dieser Arbeit lokale Eigenschaften von Morphismen $f\colon X \to Y$ analytischer Räume über einem nichtarchimedisch bewerteten Grundkörper studieren, insbesondere die Menge der Punkte in X bestimmen, die bestimmte Eigenschaften in ihrer Faser haben. Da die lokalen Bausteine in der nichtarchimedischen Funktionentheorie im Sinne von TATE [8] die Spektren der affinoiden Algebren sind, d.h. der Faktorringe der Ringe von im „abgeschlossenen" Einheitspolyzylinder konvergenten Potenzreihen, ist es dazu notwendig, Homomorphismen solcher Algebren zu untersuchen. Diese Homomorphismen sind im allgemeinen nicht endlich erzeugt. Deshalb können nicht die entsprechenden Sätze der algebraischen Geometrie ([2], IV), die nur für endlich erzeugte Homomorphismen gelten, angewendet werden; es ist nötig, sie auf geeignete Weise zu verallgemeinern.

Das geschieht in den ersten beiden Paragraphen für den Satz von GROTHENDIECK über die Offenheit des „flachen Ortes" bzw. für den Chevalleyschen Satz von der Halbstetigkeit der Faserdimension eines lokal endlich erzeugten Morphismus von Präschemata. Die so erhaltenen Sätze können unmittelbar auf affinoide Algebren angewendet werden (§3).

In §4 zeigen wir, daß für einen Morphismus $f\colon X = \mathrm{Sp}(A) \to \mathrm{Sp}(B)$ affinoider Räume die Menge der Punkte von X, die in ihrer Faser die Serresche Eigenschaft S_r bzw. R_k besitzen, konstruierbar ist; insbesondere folgt daraus, daß die Menge der Punkte aus X, die in ihrer Faser *nicht absolut reduziert* oder *nicht absolut normal* sind, *konstruierbar* ist, bzw. sogar *analytische Teilmenge*, wenn f flach ist.

Im letzten Paragraphen geben wir einige Anwendungen auf eigentliche Morphismen $f\colon X \to Y$ an. So ist z.B. für einen irreduziblen Raum Y die Euler-Poincaré-Charakteristik einer kohärenten

Garbe G in den Fasern $f^{-1}(y)$ für die Punkte y aus Y, die außerhalb einer dünnen analytischen Teilmenge von Y liegen, konstant.

Die in dieser Arbeit benutzten Methoden lassen sich auch im *komplex-analytischen Fall* anwenden. Die freie affinoide Algebra ist dann zu ersetzen durch den ebenfalls *noetherschen Ring* (s. [3]), *der im abgeschlossenen Einheitspolyzylinder holomorphen Funktionen. Man erhält die gleichen Sätze wie im Nichtarchimedischen.*

§ 1. Flache Punkte nicht endlich erzeugter Morphismen noetherscher Schemata

Sei A ein kommutativer noetherscher Ring. Wir bezeichnen mit $\mathrm{Spec}(A)$ die Menge aller Primideale von A. $\mathrm{Spec}(A)$ trägt die Zariski-Topologie. Für ein Ideal $\mathfrak{a}$ von A bezeichnet $V(\mathfrak{a})$ die Zariski-abgeschlossene Teilmenge $\{\mathfrak{p}\in\mathrm{Spec}(A);\ \mathfrak{p}\supseteq\mathfrak{a}\}$ von $\mathrm{Spec}(A)$, für ein Element a von A $\delta(a)$ die Zariski-offene Teilmenge derjenigen Primideale von A, die a nicht enthalten. Sei M ein endlicher A-Modul; dann ist auch der Träger $\sup M=\{\mathfrak{p}\in\mathrm{Spec}\,A;\ M_{\mathfrak{p}}\neq 0\}$ abgeschlossen in $\mathrm{Spec}(A)$. Gegeben sei ein Homomorphismus $h\colon A\to B$ noetherscher Ringe und ein B-Modul M. Der Modul M heißt im Punkt $\mathfrak{p}$ aus $\mathrm{Spec}(B)$ h-flach, auch A-flach, wenn $M_{\mathfrak{p}}$ A-flach, oder äquivalent dazu $A_{\mathfrak{p}\cap A}$-flach ist ($\mathfrak{p}\cap A$ bezeichnet kurz das Urbild von $\mathfrak{p}$ in A). Wir bezeichnen mit $F(h, M)$ die Menge der Primideale von B, in denen M nicht h-flach ist. Im folgenden benötigen wir einige Flachheitskriterien.

Hilfssatz 1.1. *Gegeben sei ein lokaler Homomorphismus $A\to B$ noetherscher lokaler Ringe, ein endlicher B-Modul und ein von A verschiedenes Ideal $\mathfrak{a}$ in A. Folgende Aussagen sind äquivalent:*

(1) M ist flach über A.

(2) Die Komplettierung $\hat{M}$ von M ist über $\hat{A}$ flach.

(3) $M/\mathfrak{a}M$ ist flach über $A/\mathfrak{a}$ und $\mathrm{Tor}_1^A(A/\mathfrak{a}, M)=0$.

(Siehe [2]; 0_{III}, 10.2.2.)

Hilfssatz 1.2. *Unter den Voraussetzungen von 1.1 sei $\mathfrak{b}\neq B$ ein Ideal aus B. Wenn $\mathrm{Gr}_{\mathfrak{b}}M=M/\mathfrak{b}M\oplus\mathfrak{b}M/\mathfrak{b}^2M\oplus\cdots$ flach über A ist, so ist auch M flach über A.*

Beweis. Nach Voraussetzung sind alle A-Moduln $\mathfrak{b}^iM/\mathfrak{b}^{i+1}M$ A-flach. Daraus schließt man mit Hilfe der kurzen exakten Folgen

$$0\to\mathfrak{b}^iM/\mathfrak{b}^{i+1}M\to M/\mathfrak{b}^{i+1}M\to M/\mathfrak{b}^iM\to 0,$$

daß auch alle A-Moduln $M/\mathfrak{b}^i\cdot M$ flach über A sind.

Wegen 1.1.(3) müssen wir für das maximale Ideal $\mathfrak{m}$ von A zeigen, daß die Folge $0 \to \mathfrak{m} \otimes_A M \xrightarrow{j} M$ exakt ist; denn $\operatorname{Ker} j = \operatorname{Tor}_1^A(A/\mathfrak{m}, M)$. Betrachte das kommutative Diagramm:

$$
\begin{array}{lccccc}
 & & (*) & & & \\
 & & \mathfrak{b}^i(\mathfrak{m} \otimes M) & & & \\
 & & \downarrow & & & \\
 & & \mathfrak{m} \otimes M & \xrightarrow{j} & M & \\
 & & \downarrow & & & \searrow \\
(**) & 0 \to & \mathfrak{m} \otimes M/\mathfrak{b}^i\mathfrak{m} \otimes M & \to & & M/\mathfrak{b}^i M \\
 & & \downarrow & & & \\
 & & 0 & & &
\end{array}
$$

Die Zeile $(**)$ ist exakt, da $M/\mathfrak{b}^i M$ flach über A ist, die Spalte $(*)$ ebenfalls. Daraus folgt, daß $\operatorname{Ker} j$ in $\bigcap_i \mathfrak{b}^i(\mathfrak{m} \otimes M) = 0$ enthalten ist.

Folgender Satz ist eine leichte Verallgemeinerung von Th. 11.1.1 aus [2], IV.

Satz 1.3. *Sei $h\colon B \to A$ ein Homomorphismus noetherscher Ringe, $\mathfrak{a}$ ein Ideal von A, so daß $A/\mathfrak{a}$ endlich erzeugt ist über B und M ein endlicher A-Modul. Dann ist die Menge $V(\mathfrak{a}) \cap F(h, M)$ derjenigen $\mathfrak{p}$ aus $V(\mathfrak{a})$, in denen M nicht B-flach ist, abgeschlossen in $V(\mathfrak{a})$.*

Zum Beweis dieses Satzes benötigen wir einige Hilfssätze.

Hilfssatz 1.4. *Unter den Voraussetzungen des Satzes 1.3 sei B Integritätsbereich. Dann gibt es in B ein von Null verschiedenes Element b, so daß M in allen Primidealen aus $V(\mathfrak{a}) \cap \delta(h(b))$ B-flach ist.*

Beweis. Nach Voraussetzung ist der Ring $A/\mathfrak{a}$ endlich erzeugt über B. Also ist auch der assoziierte graduierte Ring $\operatorname{Gr}_\mathfrak{a}(A) = A/\mathfrak{a} \oplus \mathfrak{a}/\mathfrak{a}^2 \oplus \cdots$ endlich erzeugt über B. Der assoziierte graduierte Modul $\operatorname{Gr}_\mathfrak{a}(M) = M/\mathfrak{a}M \oplus \mathfrak{a}M/\mathfrak{a}^2M \oplus \cdots$ ist endlicher $\operatorname{Gr}_\mathfrak{a}(A)$-Modul.

Daher gibt es nach Lemma 6.9.2 ([2], IV) ein Element $b \neq 0$ in B, so daß $(\operatorname{Gr}_\mathfrak{a}(M))_b$ flach ist über B. Sei $\mathfrak{p}$ ein Primideal aus $\delta(h(b)) \cap V(\mathfrak{a})$. Dann ist $\operatorname{Gr}_{\mathfrak{a}_\mathfrak{p}}(M_\mathfrak{p}) = M_\mathfrak{p}/\mathfrak{a}_\mathfrak{p} \cdot M_\mathfrak{p} \oplus \cdots = (\operatorname{Gr}_\mathfrak{a}(M))_\mathfrak{p} = ((\operatorname{Gr}_\mathfrak{a}(M))_b)_\mathfrak{p}$ flach über $B_{\mathfrak{p} \cap B}$. Aus dem Flachheitskriterium 1.2 folgt, daß auch $M_\mathfrak{p}$ über $B_{\mathfrak{p} \cap B}$ flach ist.

Hilfssatz 1.5. *Unter den Voraussetzungen von 1.4 sei N ein endlicher B-Modul. Dann ist $\operatorname{Tor}_i^B(N, M)$ endlicher A-Modul.*

Beweis. Sei $F\colon \cdots \to F_r \to F_{r-1} \to \cdots \to F_0$ eine Auflösung von N durch endliche freie B-Moduln F_r. Dann sind die Moduln $F_r \otimes_B M$

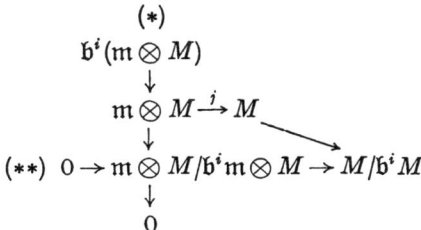

endlich über A, also auch die A-Moduln $H_r(F \underset{B}{\otimes} M) = \mathrm{Tor}_r^B(N, M)$. — Satz 1.3 kann jetzt ähnlich bewiesen werden, wie Th. 11.1.1 aus [2], IV. Da $F(h, M)$ mit jedem Primideal $\mathfrak{p}$ auch dessen Abschluß $V(\mathfrak{p})$ in $\mathrm{Spec}(A)$ enthält, genügt es zu zeigen, daß $F(h, M) \cap V(\mathfrak{a})$ *konstruierbar*, d.h. *endliche Vereinigung in* $V(\mathfrak{a})$ *lokal abgeschlossener Teilmengen* ist. Wir verwenden das *Konstruierbarkeitskriterium von* CHEVALLEY ([2]; 0_{III}, 9.2.3):

Die Menge $F(h, M) \cap V(\mathfrak{a})$ ist genau dann konstruierbar, wenn es zu jeder irreduziblen Teilmenge $V(\mathfrak{p})$ mit allgemeinem Punkt $\mathfrak{p}$ aus $V(\mathfrak{a})$ ein Element a in A gibt, das nicht in $\mathfrak{p}$ enthalten ist, mit folgender Eigenschaft:

(a) $\mathfrak{p} \in F(h, M) \cap V(\mathfrak{a}) \Rightarrow \delta(a) \cap V(\mathfrak{a}) \subseteqq F(h, M)$,

(b) $\mathfrak{p} \notin F(h, M) \cap V(\mathfrak{a}) \Rightarrow \delta(a) \cap V(\mathfrak{a}) \cap F(h, M) = \emptyset$.

Da $F(h, M)$ mit einem Element $\mathfrak{p}$ auch dessen Abschluß $V(\mathfrak{p})$ enthält, ist also nur zu zeigen, daß es zu jedem Primideal $\mathfrak{p}$ aus $V(\mathfrak{a})$, in dem M B-flach ist, ein Element a in $A - \mathfrak{p}$ gibt, so daß M auch in allen Punkten von $V(\mathfrak{p}) \cap \delta(a)$ B-flach ist:

Sei $\mathfrak{q} = B \cap \mathfrak{p}$. Wir wenden Hilfssatz 1.4 auf den Ringhomomorphismus $B/\mathfrak{q} \to A/\mathfrak{q}A$, den $A/\mathfrak{q}A$-Modul $M/\mathfrak{q}M$ und das Bildideal $\bar{\mathfrak{a}}$ von $\mathfrak{a}$ in $A/\mathfrak{q}A$ an und erhalten:

Es gibt in B ein Element b, das nicht in $\mathfrak{q}$ liegt, so daß $(M/\mathfrak{q}M)_{\mathfrak{r}}$ für alle $\mathfrak{r}$ aus $\delta(h(b))$ $B/\mathfrak{q}$-flach ist. Andererseits ist nach Voraussetzung $M_{\mathfrak{p}}$ B-flach; es verschwindet also $\mathrm{Tor}_1^B(M_{\mathfrak{p}}, B/\mathfrak{q}) = \mathrm{Tor}_1^B(M, B/\mathfrak{q})_{\mathfrak{p}}$. Weil $\mathrm{Tor}_1^B(M, B/\mathfrak{q})$ endlicher A-Modul ist (Hilfssatz 1.5) gibt es ein Element c in $A - \mathfrak{p}$, das den A-Modul $\mathrm{Tor}_1^B(M, B/\mathfrak{q})$ annuliert. Das Element $a = c \cdot h(b) \in A$ liegt nicht in $\mathfrak{p}$, und für jedes $\mathfrak{r}$ aus $\delta(a) \cap V(\mathfrak{p})$ gilt:

$$\mathrm{Tor}_1^B(M_{\mathfrak{r}}, B_{\mathfrak{r} \cap B}/\mathfrak{q} B_{\mathfrak{r} \cap B}) = \big((\mathrm{Tor}_1^B(M, B/\mathfrak{q}))_b\big)_{\mathfrak{r}} = 0,$$

und $M_{\mathfrak{r}}/\mathfrak{q} \cdot M_{\mathfrak{r}} = (M/\mathfrak{q}M)_{\mathfrak{r}}$ ist $B/\mathfrak{q}$-flach.

Aus Hilfssatz 1.1.(3) folgt dann aber, daß $M_{\mathfrak{r}}$ über B flach ist.

Aus Satz 1.3 erhält man sofort folgendes globale Resultat:

Satz 1.6. *Gegeben sei ein Morphismus $f: X \to Y$ lokal noetherscher Präschemata, ein kohärenter $\mathcal{O}_X$-Modul $\mathcal{G}$ und ein abgeschlossenes Unterschema A von X, das lokal endlich erzeugt über Y ist. Dann ist die Gesamtheit der Punkte x aus A, in denen $\mathcal{G}$ nicht f-flach ist, abgeschlossen in X.*

Ohne Beweis geben wir eine andere Folgerung aus Satz 1.5 an:

Folgerung 1.7. *Gegeben sei ein Morphismus* $f: X \to Y$ *lokal noetherscher Präschemata ein Komplex* $\mathscr{F}: \mathscr{F}_1 \to \mathscr{F}_2 \to \mathscr{F}_3$ *von* f*-flachen kohärenten* $\mathcal{O}_X$*-Moduln und ein abgeschlossenes Unterschema* A *von* X*, das lokal endlich erzeugt über* Y *ist. Dann ist die Menge der Punkte* x *aus* A*, in denen der Komplex* $\mathscr{F} \underset{\mathcal{O}_Y}{\otimes} k(f(x))$ *nicht exakt ist, abgeschlossen.*

§ 2. Die Halbstetigkeit der Faserdimension

Wie in § 1 sei $\varphi: B \to A$ wieder ein Homomorphismus noetherscher Ringe und $\mathfrak{a}$ ein Ideal von A, so daß $A/\mathfrak{a}$ endlich erzeugt über B ist.

Für ein Primideal $\mathfrak{p}$ eines Ringes bezeichnen wir mit $k(\mathfrak{p})$ den Restklassenkörper. Ist K ein endlich erzeugter Erweiterungskörper eines Körpers k, so schreiben wir $\mathrm{tr}_k K$ für den Transzendenzgrad von K über k.

Definition 2.1. *Sei* $\mathfrak{p}$ *ein Primideal aus* $V(\mathfrak{a})$*,* n *eine ganze Zahl.*

$$d_{A/B}(\mathfrak{p}) = d_\varphi(\mathfrak{p}) = d(\mathfrak{p}) = \dim A_\mathfrak{p}/(\mathfrak{p} \cap B) \cdot A_\mathfrak{p} + \mathrm{tr}_{k(\mathfrak{p} \cap B)} k(\mathfrak{p}),$$

$$D_n(\mathfrak{a}, \varphi) = \{\mathfrak{p} \in V(\mathfrak{a});\ d(\mathfrak{p}) \geqq n\}$$

($\mathfrak{p} \cap B$ bezeichnet das Urbild von $\mathfrak{p}$ in B). Wenn B ein Körper und A endlich erzeugt über B ist, so ist $d_{A/B}(\mathfrak{p})$ die Dimension der affinen algebraischen Mannigfaltigkeit Spec(A) im Punkte $\mathfrak{p}$.

In [2], IV Th. 13.1.3, wird gezeigt:

Wenn A über B endlich erzeugt ist, so ist $D_n(\mathfrak{a}, \varphi)$ abgeschlossen. Wir wollen dieses Resultat verallgemeinern: Bekannt ist:

Hilfssatz 2.2. *Sei* $\varphi: B \to A$ *ein lokaler Homomorphismus noetherscher lokaler Ringe,* $\mathfrak{m}$ *das maximale Ideal von* B*. Folgende Aussagen sind richtig:*

(1) $\dim A/\mathfrak{m}A \geqq \dim A - \dim B$.

(2) *Wenn* A *über* B *flach ist, so gilt sogar:*

$$\dim A/\mathfrak{m}A = \dim A - \dim B.$$

Beweis. Wir bezeichnen mit R_{red} den Restklassenring eines Ringes R nach dem Nilradikal. Es ist bekanntlich $\dim R = \dim R_{\mathrm{red}}$.

(1) Sei $x_1, \ldots, x_s$ ein Parametersystem von B. Dann ist

$$(A/(x_1, \ldots, x_s)A)_{\mathrm{red}} = (A/\mathfrak{m}A)_{\mathrm{red}}.$$

Also gilt:

$$\dim A/\mathfrak{m}A = \dim A/(x_1, \ldots, x_s)A \geqq \dim A - s = \dim A - \dim B.$$

(2) Es genügt, die Behauptung für $B_{\mathrm{red}} \to A \underset{B}{\otimes} B_{\mathrm{red}}$ zu beweisen; man kann also immer annehmen, daß B keine nilpotenten Elemente enthält. Für $\dim B = 0$ ist nichts zu beweisen. Sei B reduziert, $\dim B > 0$ und die Behauptung für alle Ringe B' mit $\dim B' < \dim B$ schon bewiesen. Es existiert dann in $\mathfrak{m}$ ein Nichtnullteiler x von B. Das Element x ist auch Nichtnullteiler von A, weil A über B flach ist. Es ist $A/xA = A \underset{B}{\otimes} B/xB$ flach über B/xB. Aus $\dim A/xA = \dim A - 1$, $\dim B/xB = \dim B - 1$, $A/\mathfrak{m}A = (A/xA)/\mathfrak{m}(A/xA)$ und der Induktionsvoraussetzung folgt die Behauptung für $B \to A$.

Definition 2.3. *Ein noetherscher Ring R heißt Kettenring, wenn für eine Kette von Primidealen*

$$\mathfrak{p} \subseteq \mathfrak{q} \subseteq \mathfrak{r}$$

gilt $\dim R_{\mathfrak{r}}/\mathfrak{p} R_{\mathfrak{r}} = \dim R_{\mathfrak{r}}/\mathfrak{q} R_{\mathfrak{r}} + \dim R_{\mathfrak{q}}/\mathfrak{p} R_{\mathfrak{q}}$; *R heißt universeller Kettenring, wenn jeder über R endlich erzeugte Polynomring Kettenring ist.*

Bemerkung 2.3.1. Voraussetzungen wie in 2.2.(2). A sei Kettenring. Aus dem Beweis von 2.2 ergibt sich: Wenn A gleichdimensional ist, d.h. wenn alle minimalen Primideale von A gleiche Kohöhe besitzen, so ist auch $A/\mathfrak{m}A$ *gleichdimensional.*

Lemma 2.4 ([2], IV; 5.6.1). *Sei B ein lokaler nullteilerfreier universeller Kettenring,* $\mathfrak{m}$ *sein maximales Ideal,* $\varphi\colon B \to A$ *eine endlich erzeugte Injektion in den Integritätsbereich A und* $\mathfrak{p}$ *ein Primideal von A über* $\mathfrak{m}$; $\mathrm{tr}_B A$ *sei der Transzendenzgrad des Quotientenkörpers von A über dem von B. Dann gilt:* $\dim A_{\mathfrak{p}} - \dim B = \mathrm{tr}_B A - \mathrm{tr}_{k(\mathfrak{m})}(k(\mathfrak{p}))$.

Beweis. a) Sei A Polynomring in n Variablen über B; dann ist $A' = A/\mathfrak{m}A$ Polynomring in n Variablen über $k(\mathfrak{m}) = B/\mathfrak{m}$. Weil A flach über B ist, gilt wegen 2.3.(2):

$$\begin{aligned}\dim A_{\mathfrak{p}} - \dim B &= \dim A_{\mathfrak{p}}/\mathfrak{m}A_{\mathfrak{p}} = \dim A'_{\mathfrak{p}} + \mathrm{tr}_{k(\mathfrak{m})} k(\mathfrak{p}) - \mathrm{tr}_{k(\mathfrak{m})} k(\mathfrak{p}) \\ &= \dim_{\mathfrak{p}} \operatorname{Spec} A' - \mathrm{tr}_{k(\mathfrak{m})} k(\mathfrak{p}) = n - \mathrm{tr}_{k(\mathfrak{m})} k(\mathfrak{p}) = \mathrm{tr}_B A - \mathrm{tr}_{k(\mathfrak{m})} k(\mathfrak{p}).\end{aligned}$$

b) Sei A Faktorring des Polynomringes T über B nach dem Primideal $\mathfrak{q}$ und $\mathfrak{p} = \mathfrak{P}/\mathfrak{q}$. Dann gilt:

$$\begin{aligned}\dim A_{\mathfrak{p}} - \dim B &= \dim T_{\mathfrak{P}} - \dim B - h\,\mathfrak{q} = \mathrm{tr}_B T - \mathrm{tr}_{k(\mathfrak{m})} k(\mathfrak{P}) - h\,\mathfrak{q} \\ &= \mathrm{tr}_B T - \mathrm{tr}_{k(\mathfrak{q} \cap B)} k(\mathfrak{q}) - \dim T_{\mathfrak{q}} + \mathrm{tr}_B A - \mathrm{tr}_{k(\mathfrak{m})} k(\mathfrak{p}) \\ &= -\dim B_{\mathfrak{q} \cap B} + \mathrm{tr}_B A - \mathrm{tr}_{k(\mathfrak{m})} k(\mathfrak{p}) = \mathrm{tr}_B A - \mathrm{tr}_{k(\mathfrak{m})} k(\mathfrak{p}).\end{aligned}$$

Denn $\mathfrak{q} \cap B$ ist das Nullideal.

Satz 2.5. *Gegeben sei ein Homomorphismus $\varphi\colon B \to A$ noetherscher Ringe und in A ein Ideal $\mathfrak{a}$ mit über B endlich erzeugtem Restklassenring $A/\mathfrak{a}$. Der Ring B sei universeller Kettenring, der Ring A Kettenring. Dann ist für jede ganze Zahl n die Menge $D_n(\mathfrak{a}, \varphi)$ abgeschlossen in $V(\mathfrak{a})$.*

Wir werden folgende beiden Aussagen beweisen:

Sei $\mathfrak{q}$ ein Primideal aus $V(\mathfrak{a})$ und $\mathfrak{p}$ ein Primideal aus $V(\mathfrak{q})$.

2.5.1. *Es ist $d(\mathfrak{p}) \geqq d(\mathfrak{q})$.*

2.5.2. *Es gibt in $A - \mathfrak{q}$ ein Element a, so daß für alle $\mathfrak{p}$ aus $\delta(a) \cap V(\mathfrak{q})$ sogar $d(\mathfrak{p}) = d(\mathfrak{q})$ ist.*

Aus 2.5.2 folgt unmittelbar, daß für die Teilmenge $D_n(\mathfrak{a}, \varphi)$ von $V(\mathfrak{a})$ die Bedingungen des Chevalleyschen Konstruierbarkeitskriteriums ([2]; 0_{III} 9.2.3) erfüllt sind, daß also $D_n(\mathfrak{a}, \varphi)$ konstruierbar ist.

Aus 2.5.1 folgt, daß $D_n(\mathfrak{a}, \varphi)$ mit einem Punkt $\mathfrak{q}$ auch dessen Abschluß $V(\mathfrak{q})$ enthält.

Aus dieser Eigenschaft und aus der Konstruierbarkeit folgt aber, daß $D_n(\mathfrak{a}, \varphi)$ sogar abgeschlossen ist.

Wir beweisen 2.5.1 und 2.5.2. Ohne Beschränkung der Allgemeinheit können wir annehmen, daß B Integritätsbereich ist und das Urbild $\mathfrak{q} \cap B$ von $\mathfrak{q}$ in B, das Nullideal ist. Wir bezeichnen mit $\mathfrak{m}$ das Urbild $\mathfrak{p} \cap B$ von $\mathfrak{p}$ in B, mit A' den nach Voraussetzung über B endlich erzeugten Integritätsbereich $A/\mathfrak{q}$ und mit $\mathfrak{p}'$ das Bild von $\mathfrak{p}$ in A'.

2.5.1. Wir können annehmen, daß B lokal und $\mathfrak{m}$ das maximale Ideal von B ist. Wegen 2.2.(1) und 2.4 gilt:

$$\begin{aligned} d(\mathfrak{p}) &= \dim A_{\mathfrak{p}}/\mathfrak{m}A_{\mathfrak{p}} + \operatorname{tr}_{k(\mathfrak{m})} k(\mathfrak{p}) \\ &\geqq \dim A_{\mathfrak{p}} - \dim B + \operatorname{tr}_{k(\mathfrak{m})} k(\mathfrak{p}) \\ &\geqq \dim A_{\mathfrak{q}} + \dim A'_{\mathfrak{p}'} - \dim B + \operatorname{tr}_{k(\mathfrak{m})} k(\mathfrak{p}) \\ &= d(\mathfrak{q}) + [\dim A'_{\mathfrak{p}'} - \dim B] - [\operatorname{tr}_B A' - \operatorname{tr}_{k(\mathfrak{m})} k(\mathfrak{p})] = d(\mathfrak{q}). \end{aligned}$$

2.5.2. Es gibt in $A - \mathfrak{q}$ ein Element a, so daß jedes minimale Primideal von A, das nicht in $\mathfrak{q}$ enthalten ist, dies Element a enthält. Wegen 1.4 gibt es deshalb sogar ein Element a in $A - \mathfrak{q}$, so daß jedes Primideal $\mathfrak{p}$ aus $V(\mathfrak{q}) \cap \delta(a)$ folgende Eigenschaften hat:

$$A_{\mathfrak{p}} \text{ ist flach über } B.$$

Jedes minimale Primideal von $A_{\mathfrak{p}}$ ist bereits in $\mathfrak{q} \cdot A_{\mathfrak{p}}$ enthalten. Wir zeigen, daß das Element a die in 2.5.2 geforderten Eigenschaften besitzt. Wir können dazu wieder annehmen, daß B lokal ist und $\mathfrak{m}$ das maximale Ideal. Weil A Kettenring ist und wegen 2.2.(2) bzw. 2.4 gilt für $\mathfrak{p}$ aus $V(\mathfrak{q}) \cap \delta(a)$:

$$\begin{aligned} d(\mathfrak{p}) &= \dim A_{\mathfrak{p}}/\mathfrak{m} A_{\mathfrak{p}} + \operatorname{tr}_{k(\mathfrak{m})} k(\mathfrak{p}) \\ &= \dim A_{\mathfrak{p}} - \dim B + \operatorname{tr}_{k(\mathfrak{m})} k(\mathfrak{p}) \\ &= \dim A_{\mathfrak{q}} + \dim A'_{\mathfrak{p}'} - \dim B + \operatorname{tr}_{k(\mathfrak{m})} k(\mathfrak{p}) \\ &= d(\mathfrak{q}) + \dim A'_{\mathfrak{p}'} - \dim B - \operatorname{tr}_B A' + \operatorname{tr}_{k(\mathfrak{m})} k(\mathfrak{p}) = d(\mathfrak{q}). \end{aligned}$$

Bemerkung. Die Voraussetzungen des Satzes 2.5 können variiert werden: *$D_n(\mathfrak{a}, \varphi)$ ist bereits konstruierbar, wenn nur A Kettenring ist; $D_n(\mathfrak{a}, \varphi)$ ist abgeschlossen, wenn nur A universeller Kettenring ist.*

Aus 2.5 ergibt sich in Verbindung mit *Bemerkung 2.3.1* und 1.4.

Folgerung 2.5.1. Unter den Voraussetzungen von 2.5 ist die Menge der Primideale $\mathfrak{p}$ aus $V(\mathfrak{a})$, für die $A_{\mathfrak{p}}/(\mathfrak{p} \cap B) A_{\mathfrak{p}}$ gleichdimensional ist, konstruierbar in $V(\mathfrak{a})$.

Sei R ein noetherscher Ring, $M = V(\mathfrak{b})$ eine abgeschlossene Teilmenge von $\operatorname{Spec}(R)$ und x ein Punkt aus $\operatorname{Spec}(R)$. Wir bezeichnen mit $h_x^{\operatorname{Spec}(R)} M = h_x \mathfrak{b}$ die Kodimension von M im Punkte x:

$$h_x^{\operatorname{Spec}(R)} M = h_x \mathfrak{b} = h \mathfrak{b}_x = \inf_{\mathfrak{p} \subseteq x,\, \mathfrak{p} \in M} \dim R_{\mathfrak{p}}.$$

Ist M eine beliebige Teilmenge von $\operatorname{Spec}(R)$, so setzt man:

$$h_x^{\operatorname{Spec}(R)} M = h_x^{\operatorname{Spec}(R)} \overline{M}.$$

Gegeben sei ein Homomorphismus $\varphi: B \to A$ noetherscher Ringe und ein Punkt y aus $\operatorname{Spec}(B)$. Dann ist $\operatorname{Spec}(\varphi) = \tilde{\varphi}: \operatorname{Spec}(A) \to \operatorname{Spec}(B)$ die durch φ induzierte Abbildung der Spektren und $\tilde{\varphi}^{-1}(y) = F_y = \operatorname{Spec}(A \otimes_B k(y))$ die Faser der Abbildung $\tilde{\varphi}$ über dem Punkt y.

Satz 2.6. *Die Teilmenge M von* $\operatorname{Spec}(A)$ *sei konstruierbar; $\mathfrak{a}$ sei ein Ideal von A mit über B endlich erzeugtem Restklassenring und n eine ganze Zahl. Dann ist die Menge der x aus $V(\mathfrak{a})$ mit*

$$h_x^{F_{\tilde{\varphi}(x)}} (F_{\tilde{\varphi}(x)} \cap M) = n$$

konstruierbar.

Satz 2.6 folgt mit Hilfe des Konstruierbarkeitskriteriums aus

Folgerung 2.7. *Zu jedem Primideal $\mathfrak{q}$, das $\mathfrak{a}$ umfaßt, gibt es ein Element $a \in A - \mathfrak{q}$, so daß für alle x aus $\delta(a) \cap V(\mathfrak{q})$*

$$h_x^{F_{\tilde{\varphi}(x)}} (F_{\tilde{\varphi}(x)} \cap M) = h_{\mathfrak{q}}^{F_{\tilde{\varphi}(\mathfrak{q})}} (F_{\tilde{\varphi}(\mathfrak{q})} \cap M)$$

ist.

Beweis. Wir können annehmen, daß B Integritätsbereich ist und $\tilde{\varphi}(\mathfrak{q})$ das Nullideal.

a) $M = V(\mathfrak{b})$ *sei abgeschlossene Teilmenge.* Wir können dann annehmen, daß $\mathfrak{b}$ Primideal ist und daß $V(\mathfrak{b})$ das Primideal $\mathfrak{q}$ enthält.

Aus Hilfssatz 1.4 folgt, daß es in $A-\mathfrak{q}$ ein Element a, in $A-\mathfrak{b}$ ein Element c und in $\mathfrak{b}$ Elemente $a_0, \ldots, a_s$ gibt mit folgenden Eigenschaften: $\dim A_{\mathfrak{b}} = s$, $a_0 = 0$, $\mathfrak{r}_i = \sqrt{(a_0, \ldots, a_i)}$, $A_i = A/\mathfrak{r}_i$, $C = A/\mathfrak{b}$ für $i = 0, \ldots, s$. Das Element a_{i+1} ist Nichtnullteiler von A_i für $i = 0, \ldots, s-1$; $c \cdot \mathfrak{b}$ ist in $\mathfrak{r}_s$ enthalten; für alle $\mathfrak{p}$ aus $V(\mathfrak{q}) \cap \delta(a)$ sind die A-Moduln $(A_i/a_{i+1}A_i)_{\mathfrak{p}}$, $i = 0, \ldots, s-1$, und $(C/c \cdot C)_{\mathfrak{p}}$ flach über B.

Für ein Primideal $\mathfrak{p}$ aus $V(\mathfrak{q}) \cap \delta(a)$ und die Bildelemente $\bar{a}_0, \ldots, \bar{a}_s$, $\bar{c}$ bzw. die Bildideale $\bar{\mathfrak{r}}_0, \ldots, \bar{\mathfrak{r}}_s, \bar{\mathfrak{b}}, \bar{\mathfrak{p}}$ der Elemente $a_0, \ldots, a_s, c$ bzw. der Ideale $\mathfrak{r}_0, \ldots, \mathfrak{r}_s, \mathfrak{b}$, in $\bar{A} = A/(\mathfrak{p} \cap B)A$ gilt dann:

$$\sqrt{\bar{\mathfrak{r}}_i} = \sqrt{(\bar{a}_0, \ldots, \bar{a}_i)}, \qquad i = 0, \ldots, s,$$

$$\bar{c}\,\bar{\mathfrak{b}} \subseteq \bar{\mathfrak{r}}_s,$$

$\bar{a}_i$ ist Nichtnullteiler von $(\bar{A}/\bar{\mathfrak{r}}_{i-1})_{\mathfrak{p}}$,

$(i = 1, \ldots, s)$, $\bar{c}$ Nichtnullteiler von $(\bar{A}/\bar{\mathfrak{b}})_{\mathfrak{p}}$. $\bar{\mathfrak{b}} \subseteq \bar{\mathfrak{p}}$.

Daraus folgt aber, daß *die Elemente* $\bar{a}_1, \ldots, \bar{a}_s$ *ein Parametersystem von* $\bar{A}_{\mathfrak{r}}$ *für jedes in* $\bar{\mathfrak{p}}$ *enthaltene minimale Primideal* $\mathfrak{r}$ *von* $\bar{\mathfrak{b}}$ *bilden.*

b) Sei M eine beliebige konstruierbare Teilmenge von $\mathrm{Spec}(A)$. Wegen a) genügt es zu zeigen, daß es ein Element a in $A-\mathfrak{q}$ gibt, so daß für alle $x \in V(\mathfrak{q}) \cap \delta(a)$ $(\overline{M} \cap F_{\tilde{\varphi}(x)})_x = (\overline{M \cap F_{\tilde{\varphi}(x)}})_x$ ist:

Ohne Beschränkung der Allgemeinheit können wir annehmen, daß A Integritätsbereich ist und $M = \mathrm{Spec}(A) - V(\mathfrak{b})$ mit einem vom Nullideal verschiedenen Ideal $\mathfrak{b}$. Dann ist $\overline{M} = \mathrm{Spec}(A)$ und $h_x^{\mathrm{Spec}(A)}\mathfrak{b} > 0$ für alle $x \in \mathrm{Spec} A$. Wegen a) gibt es ein Element a in $A-\mathfrak{q}$, so daß für $x \in \delta(a) \cap V(\mathfrak{q})$

$$h_x^{F_{\tilde{\varphi}(x)}}(V(\mathfrak{b}) \cap F_{\tilde{\varphi}(x)}) > 0$$

ist. Also ist $((\overline{M - V(\mathfrak{b})) \cap F_{\tilde{\varphi}(x)}})_x = \mathrm{Spec}(A/(x \cap B)A)_x$.

Sei M ein endlicher Modul über dem noetherschen Ring R, $V(\mathfrak{b}) = S$ eine abgeschlossene Teilmenge von $\mathrm{Spec}(R) = X$ und t eine ganze Zahl. Wir setzen:

$$\sup\nolimits_X^t S = \{\mathfrak{p} \in \mathrm{Spec}\, R;\ h\,\mathfrak{b}_{\mathfrak{p}} < t\},$$

$$\sup\nolimits_R^t M = \sup\nolimits_X^t \sup M.$$

Wir erhalten aus Teil a) des Beweises von 2.6 folgendes Nebenresultat:

Folgerung 2.8. *Gegeben sei ein Homomorphismus $\varphi: B \to A$ noetherscher Ringe, ein Primideal $\mathfrak{q}$ in A mit über B endlich erzeugtem Restklassenring $A/\mathfrak{q}$ und mit $\mathfrak{q} \cap B = 0$, eine abgeschlossene Teilmenge S von* $\operatorname{Spec} A$, *ein endlicher A-Modul M und eine ganze Zahl t. Dann gibt es in $A - \mathfrak{q}$ ein Element a mit folgenden Eigenschaften:*

Für alle Punkte x aus $V(\mathfrak{q}) \cap \delta(a)$ gilt:

$$((\sup^t_{\operatorname{Spec}(A)} S) \cap F_{\tilde{\varphi}(x)}))_x = (\sup^t_{F_{\tilde{\varphi}(x)}} (S \cap F_{\tilde{\varphi}(x)}))_x,$$

$$(\sup^t_A M \cap F_{\tilde{\varphi}(x)})_x = (\sup^t_{(A/(x \cap B)) \cdot A} (M \otimes_B k(\tilde{\varphi}(x))))_x.$$

§ 3. Flache Punkte und Faserdimension in rigid-analytischen Räumen

Wir wollen die Resultate der vorhergehenden Paragraphen in der nichtarchimedischen Funktionentheorie anwenden. Wir betrachten einen vollständig nichtarchimedisch nichttrivial bewerteten Grundkörper k.

Die *freie affinoide Algebra* $T_n = k\langle\langle X_1, \ldots, X_n \rangle\rangle$ über k in den Variablen $X_1, \ldots, X_n$ ist der Ring derjenigen formalen Potenzreihen

$$\sum_\mu a_\mu X^\mu = \sum_{\mu_1 \geq 0, \ldots, \mu_n \geq 0} a_{\mu_1, \ldots, \mu_n} X_1^{\mu_1} \ldots X_n^{\mu_n}$$

mit Koeffizienten a_μ aus k, so daß $\lim a_\mu = 0$ ist. Die Faktorringe dieser Algebren T_n heißen *affinoide Algebren*. TATE hat gezeigt, daß *die affinoiden Algebren noethersch* und daß *die Restklassenkörper $k(\mathfrak{m})$ der maximalen Ideale $\mathfrak{m}$ endlich über dem Grundkörper k sind* [8].

Wir bezeichnen mit $\operatorname{Sp}(A)$ *die Menge der maximalen Ideale einer affinoiden Algebra A* $(\operatorname{Sp}(A) \subseteq \operatorname{Spec}(A))$.

Hilfssatz 3.1. *Gegeben seien zwei Homomorphismen affinoider Algebren $A \to B$, $A \to C$ und ein endlicher B-Modul M. Wir bezeichnen mit $D = B \hat{\otimes}_A C$ das vollständige Tensorprodukt der affinoiden Algebren B und C über A und mit N den erweiterten Modul $M \otimes_B D$. Wir betrachten ein maximales Ideal $\mathfrak{m}$ von D und seine Urbilder $\mathfrak{p} = B \cap \mathfrak{m}$ in B, $\mathfrak{q} = C \cap \mathfrak{m}$ in C und $\mathfrak{n} = A \cap \mathfrak{m}$ in A.*

$$\begin{array}{ccccc} & & B, \mathfrak{p} & & \\ & \nearrow & & \searrow & \\ A, \mathfrak{n} & & & & D, \mathfrak{m} \\ & \searrow & & \nearrow & \\ & & C, \mathfrak{q} & & \end{array}$$

Sei C in $\mathfrak{q}$ flach über A. Dann ist D flach in $\mathfrak{m}$ über B. M ist genau dann A-flach in $\mathfrak{p}$, wenn N C-flach in $\mathfrak{m}$ ist.

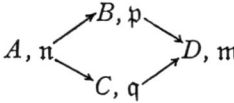

Beweis. Weil $B/\mathfrak{p}^\nu$ endlich über A ist gilt:

$$B/\mathfrak{p}^\nu \underset{A}{\otimes} C = B/\mathfrak{p}^\nu \underset{A}{\hat{\otimes}} C.$$

Also ist

$$D_\mathfrak{m}/\mathfrak{p}^\nu D_\mathfrak{m} = (B/\mathfrak{p}^\nu \underset{A}{\hat{\otimes}} C)_\mathfrak{m} = (B/\mathfrak{p}^\nu \underset{A}{\otimes} C_\mathfrak{q})_\mathfrak{m}$$

flach über $B/\mathfrak{p}^\nu$ für $\nu \geqq 1$. Nach dem Flachheitskriterium ([2], 0_{III} 10.2.6) ist dann aber auch $D_\mathfrak{m}$ flach über B.

Sei $N_\mathfrak{m}$ flach über $C_\mathfrak{q}$. Da $C_\mathfrak{q}$ flach über $A_\mathfrak{n}$ ist, ist $N_\mathfrak{m} = M_\mathfrak{p} \underset{B_\mathfrak{p}}{\otimes} D_\mathfrak{m}$ flach über A; also ist auch $M_\mathfrak{p}$ flach über A.

Sei $M_\mathfrak{p}$ flach über A. Dann ist $N_\mathfrak{m}/\mathfrak{q}^\nu \cdot N_\mathfrak{m} = M_\mathfrak{p} \underset{B_\mathfrak{p}}{\otimes} (B \underset{A}{\hat{\otimes}} C/\mathfrak{q}^\nu)_\mathfrak{m} = M_\mathfrak{p} \underset{B_\mathfrak{p}}{\otimes} (B \underset{A}{\otimes} C/\mathfrak{q}^\nu)_\mathfrak{m}$ flach über $C/\mathfrak{q}^\nu = C_\mathfrak{q}/\mathfrak{q}^\nu \cdot C_\mathfrak{q}$ für $\nu \geqq 1$. Daraus folgt wieder, daß auch $N_\mathfrak{m}$ flach über C ist.

Folgerung 3.2. *Sei A affinoide Algebra. Dann ist $T_n(A) = T_n \underset{k}{\hat{\otimes}} A$ flach über A.*

Satz 3.3. *Sei h: $A \to B$ ein Homomorphismus affinoider Algebren, M ein endlicher B-Modul. Dann ist die Menge der maximalen Ideale aus* $\mathrm{Sp}(B)$, *in denen M nicht A-flach ist, Zariski-abgeschlossen.*

Beweis. Da B sich über A als Faktorring einer geeigneten Algebra $T_n(A) = T_n \underset{k}{\hat{\otimes}} A$ darstellen läßt, können wir ohne Beschränkung der Allgemeinheit annehmen, daß $B = T_n(A)$ insbesondere also flach über A ist.

Sei $C = B \underset{A}{\hat{\otimes}} B$, Δ: $B \underset{A}{\hat{\otimes}} B \to B$ der Homomorphismus, der dem Element $b_1 \hat{\otimes} b_2$ das Element $b_1 \cdot b_2$ zuordnet, $\mathfrak{a}$ sein Kern. Wir betrachten das Diagramm:

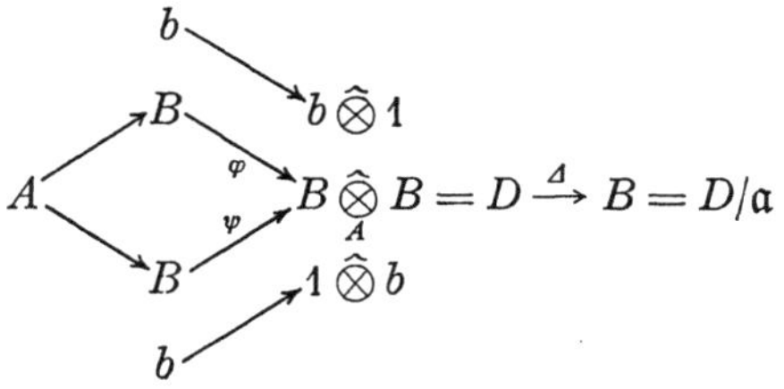

$N = M \underset{B}{\otimes} (D, \varphi)$.

Da ψ einen Isomorphismus von B und $D/\mathfrak{a}$ induziert, können wir Satz 1.3 auf ψ: $B \to D$, das Ideal $\mathfrak{a}$ und den Modul N anwenden und erhalten, daß F, die Menge der maximalen Ideale aus $V(\mathfrak{a})$, in denen N nicht ψ-flach ist, *Zariski-abgeschlossen* ist. Wegen Hilfssatz 3.1 ist $\mathrm{Sp}(\Delta)^{-1}(F)$, das Urbild von F in $\mathrm{Sp}(B)$, bei der durch Δ induzierten Abbildung

$$\mathrm{Sp}(\Delta)\colon \mathrm{Sp}(B) \to \mathrm{Sp}(D)$$

gerade die Menge der maximalen Ideale von $\mathrm{Sp}(B)$, in denen M nicht flach ist. $\mathrm{Sp}(\Delta)^{-1}(F)$ ist aber ebenfalls Zariski-abgeschlossen.

Wir wollen uns jetzt mit der Dimension der Fasern eines Morphismus affinoider Räume beschäftigen.

Man kann zeigen, daß die *freie affinoide Algebra T_n regulär ist. Die affinoiden Algebren sind also Faktorringe regulärer Ringe* und deshalb *universelle Kettenringe* (2.4).

Hilfssatz 3.4. *Sei A eine affinoide Algebra, K ein endlicher Erweiterungskörper von k, $\mathfrak{m}$ ein maximales Ideal von $A \otimes_k K = A'$, das über dem maximalen Ideal $\mathfrak{n}$ von A liegt. Dann ist*

$$\dim A_{\mathfrak{n}} = \dim (A \otimes_k K)_{\mathfrak{m}}.$$

Beweis. $A'_{\mathfrak{m}}$ ist flach über $A_{\mathfrak{n}}$. Wegen 2.2.(2) ist $\dim A'_{\mathfrak{m}} = \dim A_{\mathfrak{n}} + \dim (A'/\mathfrak{n} \cdot A')_{\mathfrak{m}}$. Aber: $\dim A'/\mathfrak{n}A' = 0$.

Folgerung 3.5. *Gegeben seien zwei Homomorphismen $\varphi\colon A \to B$, $\psi\colon A \to C$ affinoider Algebren und ein maximales Ideal $\mathfrak{m}$ von $D = B \hat{\otimes}_A C$, das über dem maximalen Ideal $\mathfrak{n}$ von B liegt. Dann ist*

$$\dim D_{\mathfrak{m}}/(\mathfrak{m} \cap C)\, D_{\mathfrak{m}} = \dim B_{\mathfrak{n}}/(\mathfrak{n} \cap A)\, B_{\mathfrak{n}}.$$

Denn

$$D_{\mathfrak{m}}/(\mathfrak{m} \cap C)\, D_{\mathfrak{m}} = \big((B/(\mathfrak{n} \cap A)\, B) \underset{k(\mathfrak{n} \cap A)}{\otimes} k(\mathfrak{m} \cap C)\big)_{\mathfrak{m}}.$$

Satz 3.6. *Gegeben sei ein Homomorphismus $h\colon A \to B$ affinoider Algebren und eine ganze Zahl r. Dann ist die Menge $D_r(h)$ derjenigen $\mathfrak{m}$ aus $\mathrm{Sp}(B)$, für die $\dim B_{\mathfrak{m}}/(\mathfrak{m} \cap A)\, B_{\mathfrak{m}} \geq r$ ist, Zariski-abgeschlossen in $\mathrm{Sp}(B)$.*

Beweis. Wir benutzen die Bezeichnungen aus dem Beweis zu Satz 3.3

$$A \overset{h}{\rightrightarrows} B \overset{\varphi,\ \psi}{\rightrightarrows} D = B \hat{\otimes}_A B \xrightarrow{\Delta} B = D/\mathfrak{a}.$$

Aus Satz 2.5 folgt, daß $D_r(\mathfrak{a}, \varphi)$ abgeschlossen in $\mathrm{Spec}\, D$ ist, aus 3.5, daß $D_r(h) = \mathrm{Sp}(\Delta)^{-1}(D_r(\mathfrak{a}, \psi) \cap \mathrm{Sp}(D))$ ist. Also ist $D_r(h)$ *Zariski-*

abgeschlossen. Aus den Sätzen 3.3 und 3.6 folgen sofort entsprechende globale Sätze. Gegeben sei ein Morphismus $f\colon X \to Y$ analytischer Räume über k im Sinne von [6]. $\mathcal{O}_X$ bzw. $\mathcal{O}_Y$ seien die Strukturgarben von X bzw. Y. $\mathcal{F}$ sei ein kohärenter $\mathcal{O}_X$-Modul, x ein Punkt von X, $y = f(x)$ sein Bildpunkt und $k(y)$ der Restklassenkörper von y. Man nennt *Faser von f über y* den analytischen Raum $f^{-1}(y) = X \times_Y \mathrm{Sp}(k(y))$.

Die Garbe $\mathcal{F}$ *heißt f-flach in x*, wenn der Halm $\mathcal{F}_x$ ([6], §0) flacher $\mathcal{O}_{Y,y}$-Modul ist.

Die Dimension $\dim_x f^{-1}(y)$ *der Faser* $f^{-1}(y)$ *im Punkt* x ist die Krullsche Dimension des Ringes $\mathcal{O}_{f^{-1}(y)x}$.

Satz 3.7. *Unter den angegebenen Voraussetzungen ist die Menge der Punkte $x \in X$, in denen $\mathcal{F}$ nicht f-flach ist analytisch in X.*

Satz 3.7. 1. *Unter den angegebenen Voraussetzungen ist die Menge $D_r(f)$ der Punkte $x \in X$ in denen* $\dim_x f^{-1}(f(x)) \geqq r$ *ist analytisch in X.*

Bemerkung 3.8. *Wenn* $Z = \mathrm{Sp}(A)$ *affinoider Raum zur Algebra A, $\tilde{M} = \mathcal{G}$ die zu einem endlichen A-Modul M assoziierte kohärente Garbe* ([6], §0) *und* $z = \mathfrak{m}$ *ein Punkt aus* $\mathrm{Sp}(A)$ *ist, so gilt:*

3.8.1.
$$\hat{\mathcal{O}}_{Z,z} = \hat{A}_{\mathfrak{m}}$$
$$\mathcal{G}_z \otimes_{\mathcal{O}_{Z,z}} \hat{\mathcal{O}}_{Z,z} = M \otimes_A \hat{A}_{\mathfrak{m}}.$$

Insbesondere ist $\dim_Z Z = \dim \mathcal{O}_{Z,z} = \dim A_{\mathfrak{m}}$ *und für einen Morphismus*
$$f\colon \mathrm{Sp}(A) \to \mathrm{Sp}(B)$$
gilt: M ist genau dann B-flach in $\mathfrak{m}$, wenn $\tilde{M} = \mathcal{G}$ f-flach in z ist!

§ 4. Die Serreschen Bedingungen S_k und R_k

Hilfssatz 4.1. *Sei* $B = T_n(A) = A \hat{\otimes}_k T_n$ *die freie affinoide Algebra in n Variablen über der affinoiden Algebra A und $\mathfrak{q}$ ein Primideal von B. Wenn $A_{\mathfrak{q} \cap A}$ regulär ist, ist auch $B_{\mathfrak{q}}$ regulär.*

Beweis. Weil der reguläre Ort von $\mathrm{Spec}(A)$ offen ist [7], gibt es in $A - A \cap \mathfrak{q}$ ein Element a, so daß A_a regulär ist. Wir wählen in $V(\mathfrak{q}) \cap \delta(a \otimes 1)$ ein maximales Ideal $\mathfrak{m}$ und behaupten, daß $B_{\mathfrak{m}}$ regulär ist:

Nach Konstruktion ist das maximale Ideal $\mathfrak{n} = A \cap \mathfrak{m}$ von A regulär. Deshalb gibt es in $\mathfrak{n}$ Elemente $a_1, \ldots, a_s$, die für den Ring $A_{\mathfrak{n}}$

ein reguläres Parametersystem bilden. Da $B \underset{A}{\otimes} k(\mathfrak{n}) = T_n \underset{k}{\otimes} k(\mathfrak{n}) = T_n(k(\mathfrak{n}))$ als freie affinoide Algebra über dem Körper $k(\mathfrak{n})$ regulär ist, gibt es in $\mathfrak{m}$ Elemente $a_{s+1}, \ldots, a_t$, deren Bilder in $(B/\mathfrak{n}B)_\mathfrak{m}$ ein reguläres Parametersystem des regulären Ringes $(B/\mathfrak{n}B)_\mathfrak{m}$ sind. Es gilt: $\mathfrak{m}B_\mathfrak{m} = (a_1, \ldots, a_t)B_\mathfrak{m}$. Weil B flach über A ist (3.2) gilt die Dimensionsbeziehung $\dim B_\mathfrak{m} = \dim A_\mathfrak{n} + \dim(B/\mathfrak{n}B)_\mathfrak{m} = t$ (2.2.(2)). Also bilden die Elemente $a_1, \ldots, a_t$ ein reguläres Parametersystem für den Ring $B_\mathfrak{m}$; $B_\mathfrak{m}$ ist regulär. Dann ist aber auch $B_\mathfrak{q}$ regulär.

Definition 4.2 ([2], IV, 5.7). *Sei R ein noetherscher Ring, M ein endlicher R-Modul und ν eine ganze Zahl. Man sagt, daß M im Punkte $\mathfrak{p}$ aus* Spec(R) *die Eigenschaft S_ν besitzt, wenn für jedes Primideal $\mathfrak{r} \subseteq \mathfrak{p}$ folgendes gilt:*

$$t(M_\mathfrak{r}) \geqq \inf(\nu, \dim M_\mathfrak{r}).$$

Dabei ist $t(M_\mathfrak{r})$ die Tiefe (profondeur [2], 0_{IV} 16.4) *des Moduls $M_\mathfrak{r}$. Mit $S_\nu(M)$ bezeichnen wir die Menge der Punkte aus* Spec(R), *in denen M die Eigenschaft S_ν nicht besitzt.*

Sei R regulär. Aus der bekannten Beziehung zwischen Tiefe t und homologischer Dimension hd

$$\operatorname{hd} M_\mathfrak{r} + t M_\mathfrak{r} = \dim R_\mathfrak{r}$$

und der Formel für die homologische Dimension eines Moduls über einem regulären Ring

$$\operatorname{hd} M_\mathfrak{r} = \sup_{\operatorname{Ext}^\mu_R(M,R)_\mathfrak{r} \neq 0} \mu$$

erhält man durch leichte Rechnung (mit den Bezeichnungen von 2.7):

4.2.1. $S_\nu(M) = \bigcup_{\mu \geqq 0} \sup^{\nu+\mu}(\sup^\mu M \cap \sup \operatorname{Ext}^\mu_R(M, R))$.

Satz 4.3. *Sei $\varphi: B \to A$ ein Homomorphismus affinoider Algebren, $\mathfrak{a}$ ein A-Ideal mit über B endlichem Restklassenring $A/\mathfrak{a}$, M ein endlicher A-Modul und ν eine ganze Zahl. Dann ist die Menge der Punkte $\mathfrak{p}$ aus $V(\mathfrak{a})$, in denen der Modul $M \underset{B}{\otimes} k(\mathfrak{p} \cap B)$ die Eigenschaft S_ν besitzt konstruierbar.*

Beweis. A läßt sich über B immer als Faktorring einer freien affinoiden Algebra $T_n(B)$ über B darstellen. Deshalb können wir annehmen, daß $A = T_n(B)$ ist. Mit Hilfe des *Konstruierbarkeitskriteriums* aus [2] (0_{III} 9.2.3) folgt der Satz aus:

4.3.1. *Zu jedem Primideal* $\mathfrak{q}$, *das* $\mathfrak{a}$ *umfaßt gibt es in* $A-\mathfrak{q}$ *ein Element* a *mit folgender Eigenschaft:*

Für jedes $\mathfrak{p}$ *aus* $V(\mathfrak{q})\cap\delta(a)$ *besitzt* $M\underset{B}{\otimes}k(\mathfrak{p}\cap B)$ *genau dann in* $\mathfrak{p}$ *die Eigenschaft* S_ν, *wenn* $M\underset{B}{\otimes}k(\mathfrak{q}\cap B)$ *die Eigenschaft* S_ν *in* $\mathfrak{q}$ *besitzt.*

Zum Beweis können wir annehmen, daß $\mathfrak{q}\cap B=0$ *ist.*

Wegen Hilfssatz 1.4 gibt es in $A-\mathfrak{q}$ ein Element b, so daß für alle $\mathfrak{p}$ aus $V(\mathfrak{q})\cap\delta(b)$ gilt:

$$(\mathrm{Ext}_A^\mu(M,A)\underset{B}{\otimes}k(\mathfrak{p}\cap B))_\mathfrak{p}=\mathrm{Ext}^\mu_{A/(\mathfrak{p}\cap B)\cdot A}(M\underset{B}{\otimes}k(\mathfrak{p}\cap B),A/(\mathfrak{p}\cap B)A)_\mathfrak{p}$$

für $\mu\leqq\dim A$.

Wir setzen:

$$S_\nu(A/B,M)=\bigcup_{\mu\leqq\dim A}\sup{}^{\nu+\mu}(\sup{}^\mu M\cap\sup\mathrm{Ext}^\mu_A(M,A)).$$

Aus Folgerung 2.8 folgt, daß es ein Element c in $A-\mathfrak{q}$ gibt, so daß für alle $\mathfrak{p}$ aus $V(\mathfrak{q})\cap\delta(bc)$

$$\begin{aligned}&(S_\nu(A/B,M)\cap\mathrm{Spec}(A/(B\cap\mathfrak{p})A))_\mathfrak{p}\\&\quad=\Big(\bigcup_\mu\sup{}^{\nu+\mu}(\sup{}^\mu(M\underset{B}{\otimes}k(\mathfrak{p}\cap B))\\&\quad\cap\sup\mathrm{Ext}^\mu_{A/(\mathfrak{p}\cap B)\cdot A}(M\otimes k(\mathfrak{p}\cap B),A/(\mathfrak{p}\cap B)\cdot A)\Big)_\mathfrak{p}\end{aligned}$$

ist. Da nach Hilfssatz 4.1 der Ring $(A/(\mathfrak{p}\cap B)A)_\mathfrak{p}$ regulär ist, gilt also wegen 4.2.1 für jedes $\mathfrak{p}\in V(\mathfrak{q})\cap\delta(bc)$

$$(S_\nu(A/B,M)\cap\mathrm{Spec}(A/(B\cap\mathfrak{p})A))_\mathfrak{p}=S_\nu(M\underset{B}{\otimes}k(\mathfrak{p}\cap B))_\mathfrak{p}.$$

Die Menge $S_\nu(A/B,M)$ ist abgeschlossen; es gibt daher ein Element $d\in A-\mathfrak{q}$, so daß für alle $\mathfrak{p}$ aus $\delta(d)\cap V(\mathfrak{q})$ genau dann

$$\dim_\mathfrak{p}S_\nu(A/B,M)\cap\mathrm{Spec}(A/(B\cap\mathfrak{p})A)<0$$

ist, wenn $\dim_\mathfrak{q}S_\nu(A/B,M)<0$ ist (2.5.2). Das Element $a=bcd$ hat die gewünschten Eigenschaften.

Wir wollen jetzt das Analogon von Satz 4.3 für die Serresche Regularitätsbedingung R_ν ([2], IV, 5.8) beweisen. Dazu ist es notwendig, den Begriff „regulär" durch „absolut regulär" im Sinne von [9] zu ersetzen.

Definition 4.4 (s. [9], §4). *Ein Primideal* $\mathfrak{p}$ *einer affinoiden Algebra* A *heißt absolut regulär (bez.* k*), wenn eine der folgenden äquivalenten Bedingungen erfüllt ist:*

4.4.1. *Für alle vollständig bewerteten Erweiterungskörper K von k und alle Primideale* $\mathfrak{P}$ *von* $A \hat{\otimes}_k K$ *über* $\mathfrak{p}$ *ist* $(A \hat{\otimes}_k K)_{\mathfrak{P}}$ *regulär.*

4.4.1′. *Für* $K = k^{1/p}$ *(*p *ist die Charakteristik von* k*) und ein Primideal* $\mathfrak{P}$ *von* $A \otimes_k K$ *über* $\mathfrak{p}$ *ist* $(A \otimes_k K)_{\mathfrak{p}}$ *regulär.*

4.4.2. $\varrho_{\mathfrak{p}} M(A/k) \leqq \dim_{\mathfrak{p}} \operatorname{Spec} A$.

4.4.2′. $M(A/k)_{\mathfrak{p}}$ *ist freier* $A_{\mathfrak{p}}$*-Modul;* $\varrho_{\mathfrak{p}} M(A/k) = \dim_{\mathfrak{p}} \operatorname{Spec} A$.

Dabei ist $\varrho_{\mathfrak{p}} M(A/k)$ *der Rang des stetigen Differentialmoduls von* A *über* k ([9]) *im Punkte* $\mathfrak{p}$, das ist die Zahl der Elemente eines minimalen Erzeugendensystems des $A_{\mathfrak{p}}$ Moduls $M(A/k)_{\mathfrak{p}}$; $\varrho_{\mathfrak{p}} M(A/k)$ *ist die Dimension des* $k(\mathfrak{p})$*-Vektorraumes* $M(A/k) \otimes_A k(\mathfrak{p})$.

$$\dim_{\mathfrak{p}} \operatorname{Spec}(A) = \sup_{\mathfrak{q} \subseteq \mathfrak{p},\, h\mathfrak{q}=0} \dim A/\mathfrak{q}.$$

Es folgt, daß *der absolute singuläre Ort* $R(A/k)$ *von* Spec(A), *d.h. die Menge der bez.* k *nicht absolut regulären Primideale von* A, *abgeschlossen in* Spec(A) *ist.*

Definition 4.5. *Die affinoide Algebra besitzt im Punkte* $\mathfrak{p}$ *aus* Spec(A) *die (absolute) Eigenschaft* R_ν *(bez.* k*), wenn alle Primideale* $\mathfrak{q} \subseteq \mathfrak{p}$ *der Höhe* $h\,\mathfrak{q} \leqq \nu$ *absolut regulär sind. Die Menge der Primideale* $\mathfrak{p}$, *in denen* A *nicht die Eigenschaft* R_ν *besitzt, bezeichnen wir mit* $R_\nu(A/k)$. *Mit den Bezeichnungen aus 2.8 gilt:*

4.5.1. $R_\nu(A/k) = \sup^{\nu+1} R(A/k)$.

Die Menge $R_\nu(A/k)$ *ist also abgeschlossen in* Spec(A).

Wir benötigen eine algebraische Kennzeichnung der Menge der Primideale $\mathfrak{p}$ eines Ringes A, in denen der Rang eines gegebenen Moduls M größer ist als eine vorgegebene Zahl μ.

Definition 4.6. *Sei* M *ein endlicher Modul über einem Ring* R, *etwa dargestellt als Kokern eines Homomorphismus* $h: F \to G$ *eines freien Moduls* $F = \bigoplus_\nu R f_\nu$ *in einen endlichen freien Modul* $G = R g_1 \oplus \cdots \oplus R g_n$

$$h(f_\nu) = \sum_{\mu=1}^{n} a_{\mu\nu} g_\mu.$$

Man nennt r*-tes Fittingsches Determinantenideal* $\vartheta_r(M)$ *von* M *das von allen* $(n-r)$*-reihigen Unterdeterminanten der Matrix* $(a_{\mu\nu})$ *erzeugte Ideal.* $(\vartheta_n(M) = \vartheta_{n+1}(M) = \cdots = R)$. *Man kann zeigen, daß*

$\vartheta_r(M)$ nicht von der gewählten Darstellung von M als Kokern abhängt. Für einen Homomorphismus $\varphi: R \to S$ gilt:

4.6.1. $\varphi(\vartheta_r(M)) \cdot S = \vartheta_r(M \otimes_R S)$.

Lemma 4.7. *Sei $\mathfrak{p}$ ein Primideal von R. Der Rang $\varrho_{\mathfrak{p}} M$ des Moduls M in $\mathfrak{p}$, d.h. die Dimension des $k(\mathfrak{p})$-Vektorraumes $M \otimes_R k(\mathfrak{p})$, ist genau dann größer oder gleich $r+1$, wenn $\mathfrak{p}$ in $V(\vartheta_r(M))$ enthalten ist.*

Beweis. Wegen 4.6.1 kann man annehmen, daß $R = k(\mathfrak{p}) = K$ ein Körper und M ein Vektorraum der Dimension s über K ist. Dann ist aber:

$$\vartheta_0(M) = \cdots = \vartheta_{s-1}(M) = 0; \qquad \vartheta_s(M) = \vartheta_{s+1}(M) = \cdots = K.$$

Sei $\varphi: B \to A$ ein Homomorphismus affinoider Algebren. Nach Satz 3.6 gibt es in A zu jeder ganzen Zahl ν, ein A-Ideal $\mathfrak{a}_\nu$, so daß für alle maximalen Ideale $\mathfrak{m}$ aus $\mathrm{Sp}(A)$ gilt:

(*): $$\mathfrak{m} \in V(\mathfrak{a}_\nu) \Leftrightarrow \dim_{\mathfrak{m}} \mathrm{Spec}\,(A/(\mathfrak{m} \cap B) \cdot A) > \nu.$$

Sei $\vartheta_r(A/B)$ das r-te Fittingsche Determinantenideal (4.6) *des stetigen Differentialmoduls $M(A/B)$ von B über A.*

Die Menge

$$R(A/B) = \bigcup_r \left(V(\vartheta_r(A/B) - V(\mathfrak{a}_r)\right)$$

ist konstruierbar. Aus Definition 4.4.2 und 4.5, Lemma 4.7 und der Relation (*) folgt

(**) *Für alle maximalen Ideale $\mathfrak{n}$ von B ist*

$$R(A/B) \cap \mathrm{Sp}\,(A/\mathfrak{n}A) = R\,(A/\mathfrak{n}A/k(\mathfrak{n})) \cap \mathrm{Sp}\,(A).$$

Da jede lokal abgeschlossene Teilmenge von $\mathrm{Spec}\,(A)$ ein maximales Ideal enthält, ist (**) äquivalent zu:

4.8. *Für jedes maximale Ideal $\mathfrak{n}$ von B ist*

$$R(A/B) \cap \mathrm{Spec}\,(A/\mathfrak{n}A) = R\,(A/\mathfrak{n}A/k(\mathfrak{n})).$$

Aus Satz 2.6 folgt

Hilfssatz 4.9. *Sei $\mathfrak{a}$ ein Ideal von A mit über B endlich erzeugtem Restklassenring $A/\mathfrak{a}$ und ν eine ganze Zahl. Die Menge $R_\nu(\mathfrak{a}, A/B)$ der Punkte x aus $V(\mathfrak{a})$ mit Bildpunkt y in* Spec *B, für die*

$$h_x^{\mathrm{Spec}\,(A/yA)}\, R\,(A/B) \cap \mathrm{Spec}\,(A/y\,A) > \nu$$

ist, ist konstruierbar.

Mit den in §3 entwickelten Beweistechniken (s. z.B. Beweis zu 3.6) erhält man aus Satz 4.3 bzw. aus Hilfssatz 4.9 und der Relation 4.8

Satz 4.10. *Sei $\varphi: B \to A$ ein Homomorphismus affinoider Algebren, M ein endlicher A-Modul und ν eine ganze Zahl.*

4.10.1. *Die Menge der maximalen Ideale $\mathfrak{m}$ aus A, in denen der Modul $M \underset{B}{\otimes} k(\mathfrak{m} \cap B)$ die Eigenschaft S_ν besitzt ist konstruierbar im Sinne der Zariski-Topologie.*

4.10.2. *Die Menge der Punkte $x \in \mathrm{Sp}(A)$ mit Bildpunkt y in $\mathrm{Sp}(B)$, in denen die affinoide $k(y)$-Algebra $A \underset{B}{\otimes} k(y)$ die Eigenschaft R_ν bez. $k(y)$ besitzt, ist konstruierbar im Sinne der Zariski-Topologie.*

Wir wollen nur eine Anwendung dieses Satzes geben. Sei k vollkommen. Ein Primideal $\mathfrak{p}$ einer affinoiden Algebra A über k ist dann absolut regulär, wenn es regulär ist (4.4.1'). Nach dem *Serreschen Normalitätskriterium* ([2], IV, 5.8.6) ist $A_\mathfrak{p}$ genau dann normal, wenn A in $\mathfrak{p}$ die Eigenschaften R_1 und S_2 besitzt. Da A *ausgezeichneter Ring ist* [7] folgt aus Bemerkung 3.8, daß für einen Punkt x aus $\mathrm{Sp}(A) = X$ genau dann der Halm $\mathcal{O}_{X,x}$ der Strukturgarbe von X im Punkte x normal ist, wenn A_x normal ist. *Wir sagen, daß ein analytischer Raum X im Punkte x normal ist, wenn $\mathcal{O}_{X,x}$ normal ist.*

Satz 4.11. *Gegeben sei ein Morphismus $f: X \to Y$ affinoider Räume über dem vollkommenen Körper k. Die Menge der Punkte x aus X, die in ihrer Faser $f^{-1}(f(x)) = X \underset{Y}{\times} \mathrm{Sp}(k(y))$ normal sind, ist in X konstruierbar (im Sinne der Zariski-Topologie!).*

Ein entsprechender Satz gilt für die Menge der in ihrer Faser reduzierten Punkte $(= R_0 \wedge S_1)$.

Wir verzichten auf die Formulierung der entsprechenden Sätze für einen nicht vollkommenen Körper. Man hat in diesem Fall „normal“ bzw. reduziert durch „absolut normal“ bzw. „absolut reduziert“ zu ersetzen.

Etwas glattere Resultate erhält man, wenn man zusätzliche Voraussetzungen macht.

Satz 4.12. *Gegeben sei ein flacher Homomorphismus affinoider Algebren $h: B \to A$ und eine nichtnegative ganze Zahl ν.*

4.12.1. *Die Menge $S_\nu(A/B)_{\max}$ der maximalen Ideale $\mathfrak{m}$ von A, für die der Ring $A_\mathfrak{m}/(\mathfrak{m} \cap B) A_\mathfrak{m}$ die Eigenschaft S_ν nicht besitzt, ist Zariski-abgeschlossen.*

4.12.2. *Das Komplement* $R'_\nu(A/B)_{\max}$ *in* Sp(A) *der Menge der Punkte* x *aus* Sp(A) *mit Bildpunkt* y *in* Sp(B), *in denen die affinoide Algebra* $A \underset{B}{\otimes} k(y)$ *die absolute Eigenschaft* R_ν *bez.* $k(y)$ *besitzt, gleichdimensional ist und die Eigenschaft* S_1 *hat, ist Zariski-abgeschlossen.*

Als Folgerung erhält man:

Folgerung 4.13. *Sei* $f\colon X \to Y$ *ein flacher Morphismus analytischer Räume über dem vollkommenen Grundkörper* k. *Die Menge der Punkte* x *von* X, *die in ihrer Faser nicht reduziert bzw. nicht normal sind, ist analytische Teilmenge.*

Wir skizzieren den Beweis von 4.12; für den Beweis von 4.12.2 setzen wir der Einfachheit halber voraus, daß der Grundkörper k *vollkommen* ist, der allgemeine Fall kann mit Hilfe von Grundkörpererweiterung darauf zurückgeführt werden.

Wieder genügt es zu zeigen, daß für ein Ideal $\mathfrak{a}$ von A mit über B endlichem Restklassenring $A/\mathfrak{a}$ die Mengen $V(\mathfrak{a}) \cap S_\nu(A/B)_{\max}$ und $V(\mathfrak{a}) \cap R'_\nu(A/B)_{\max}$ Zariski-abgeschlossen in Sp(A) sind. Aus 4.10.1, 4.10.2 bzw. 2.5.1 folgt, daß diese Mengen konstruierbar sind. Trivial ist folgendes Abgeschlossenheitskriterium:

Lemma 4.14. *Gegeben sei eine affinoide Algebra* R *und eine konstruierbare Teilmenge* M *von* Sp(R). *Genau dann ist* M *Zariski-abgeschlossen in* Sp(R), *wenn für jedes Primideal* $\mathfrak{p}$ *von* R *mit Restklassenring* $R/\mathfrak{p}$ *der Dimension* 1 *der Durchschnitt* $V(\mathfrak{p}) \cap M$ *Zariski-abgeschlossen ist.*

Wir wenden dieses Kriterium an. Sei $\mathfrak{p}$ ein Primideal, das $\mathfrak{a}$ umfaßt mit Restklassenring $B/\mathfrak{p}$ der Dimension 1, B_1 die Normalisierung von B, $A_1 = A \underset{B}{\otimes} B_1$ und $\mathfrak{a}_1$ der Kern der natürlichen Abbildung $A \underset{B}{\otimes} B_1 \to B_1$. Die Menge $S_\nu(A/B)_{\max} \cap V(\mathfrak{p})$ ist genau dann abgeschlossen, wenn $S_\nu(A_1/B_1) \cap V(\mathfrak{a}_1)$ abgeschlossen ist, $R'_\nu(A/B)_{\max} \cap V(\mathfrak{p})$ genau dann abgeschlossen, wenn es $R'_\nu(A_1/B_1) \cap V(\mathfrak{a}_1)$ ist.

Wir können also von jetzt an ohne Beschränkung der Allgemeinheit voraussetzen, daß B ein *regulärer Integritätsbereich der Dimension* 1 *ist.*

Gegeben sei ein Homomorphismus $K \to R$ eines Körpers K in einen lokalen Ring R. Man sagt: *R ist geometrisch regulär über K* bzw. *R hat geometrisch die Eigenschaft R_ν*, wenn für alle endlichen rein inseparablen Körpererweiterungen L von K $R \underset{K}{\otimes} L$ regulär ist bzw. die Eigenschaft R_ν hat.

Satz 4.12 folgt jetzt aus

Satz 4.15. *Gegeben sei ein flacher Homomorphismus* $h: B \to A$ *einer regulären nullteilerfreien affinoiden Algebra* B *der Dimension* 1 *in eine affinoide Algebra* A *und in* A *ein Ideal* $\mathfrak{a}$ *mit über* B *endlichem Restklassenring* $A/\mathfrak{a}$; ν *sei eine nichtnegative ganze Zahl. Wir bezeichnen mit* $S_\nu(A/B)$ *die Menge aller Primideale* $\mathfrak{p}$ *aus* $\operatorname{Spec}(A)$, *für die der Ring* $A_\mathfrak{p}/(\mathfrak{p} \cap B) A_\mathfrak{p}$ *die Eigenschaft* S_ν *nicht besitzt, mit* $R'_\nu(A/B)$ *das Komplement in* $\operatorname{Spec}(A)$ *der Menge aller Primideale* $\mathfrak{p}$ *aus* $\operatorname{Spec}(A)$, *für die* $A_\mathfrak{p}/(\mathfrak{p} \cap B) A_\mathfrak{p}$ *geometrisch die Eigenschaft* R_ν *besitzt, gleichdimensional ist und die Eigenschaft* S_1 *hat.*

4.15.1. $S_\nu(A/B) \cap V(\mathfrak{a})$ *ist abgeschlossen in* $\operatorname{Spec}(A)$.

4.15.2. *Wenn* k *vollkommen ist, ist* $R'_\nu(A/B) \cap V(\mathfrak{a})$ *abgeschlossen in* $\operatorname{Spec}(A)$.

Wir beweisen 4.15.1. Die Menge $S_\nu(A/B) \cap V(\mathfrak{a})$ ist nach Satz 4.3 konstruierbar. Wir haben deshalb nur zu zeigen: *Sei* $\mathfrak{p}$ *ein Primideal aus* $V(\mathfrak{a})$, $\mathfrak{q}$ *ein Primideal aus* $V(\mathfrak{p})$, *das nicht in* $S_\nu(A/B)$ *enthalten ist; dann ist auch* $\mathfrak{p}$ *nicht in* $S_\nu(A/B)$ *enthalten.*

Sei $\mathfrak{p} \cap B = \mathfrak{q} \cap B = \mathfrak{r}$. Dann ist $A_\mathfrak{p}/\mathfrak{r} A_\mathfrak{p}$ Lokalisierung von $A_\mathfrak{q}/\mathfrak{r} A_\mathfrak{q}$, besitzt also mit $A_\mathfrak{q}/\mathfrak{r} A_\mathfrak{q}$ die Eigenschaft S_ν.

Im anderen Falle ist $\mathfrak{p} \cap B = 0$, $\mathfrak{q} \cap B = \mathfrak{m}$ maximales Ideal in B. Da B Dedekind-Ring ist, gibt es ein Element t in $\mathfrak{m}$ mit $t B_\mathfrak{m} = \mathfrak{m} B_\mathfrak{m}$. Weil A über B flach ist, ist t Nichtnullteiler in A. A ist außerdem Kettenring. Wir können Korollar 5.12.4 aus [2] (Chap. IV, sec. part) anwenden: Wenn $A_\mathfrak{q}/t A_\mathfrak{q}$ die Eigenschaft S_ν besitzt, so hat sie auch der Ring $A_\mathfrak{q}$, damit auch die Lokalisierung $A_\mathfrak{p}$ von $A_\mathfrak{q}$.

Wir beweisen 4.15.2. Der Grundkörper k wird nun als *vollkommen* vorausgesetzt.

Hilfssatz 4.16. *Gegeben sei ein Homomorphismus* $B \to A$ *affinoider Algebren (über vollkommenem Grundkörper) und in* A *ein Primideal* $\mathfrak{p}$. *Der Ring* B *sei regulär,* $\dim B \leqq 1$. *Dann gilt:* $A_\mathfrak{p}/(\mathfrak{p} \cap B) A_\mathfrak{p}$ *ist genau dann geometrisch regulär über* $k(\mathfrak{p} \cap B)$, *wenn der Rang von* $M(A/B)_\mathfrak{p}$ *kleiner oder gleich*

$$d(\mathfrak{p}) = \dim A_\mathfrak{p}/(\mathfrak{p} \cap B) A_\mathfrak{p} + \dim A/\mathfrak{p} - \dim B/\mathfrak{p} \cap B$$

ist. $M(A/B)$ *ist der stetige Differentialmodul von* A *über* B ([9]).

Der Beweis dieses Hilfssatzes wird ähnlich geführt, wie der Beweis der Regularitätskriterien in [9] (§§3, 4) für den Fall $B = k$.

Unter den Voraussetzungen dieses Hilfssatzes lassen sich die Mengen $R(A/B)$, $R_\nu(\mathfrak{a}, A/B)$ aus Hilfssatz 4.9 näher beschreiben. Die zur Erklärung von $R(A/B)$ benützte Menge $V(\mathfrak{a}_r)$ ist nämlich gerade die Menge der Primideale $\mathfrak{p}$ aus $\operatorname{Spec}(A)$ mit $d(\mathfrak{p}) > r$: Das stimmt nach Definition dieser Menge jedenfalls für alle maximalen Ideale $\mathfrak{p}$; zu beliebigem $\mathfrak{p}$ gibt es aber in jeder offenen nichtleeren Teilmenge von $V(\mathfrak{p})$ ein maximales Ideal $\mathfrak{m}$ mit $d(\mathfrak{m}) = d(\mathfrak{p})$. Deshalb ist nach 4.16 $R(A/B)$ die Menge der Primideale $\mathfrak{p}$ aus $\operatorname{Spec}(A)$, für die $A_\mathfrak{p}/(\mathfrak{p} \cap B)A_\mathfrak{p}$ geometrisch regulär ist. Dann ist aber $R_\nu(\mathfrak{a}, A/B)$ die Menge der Primideale $\mathfrak{p}$ aus $V(\mathfrak{a})$, für die $A_\mathfrak{p}/(B \cap \mathfrak{p})A_\mathfrak{p}$ geometrisch die Eigenschaft R_ν besitzt. Diese Menge ist nach 4.9 konstruierbar. Die Menge $S_1(A/B) \cap V(\mathfrak{a})$ ist konstruierbar (4.15.1), ebenso die Menge der Primideale $\mathfrak{p}$ aus $V(\mathfrak{a})$, für die $A_\mathfrak{p}/(\mathfrak{p} \cap B)A_\mathfrak{p}$ gleichdimensional ist (2.5.1). Also ist auch die Vereinigung $R'_\nu(A/B) \cap V(\mathfrak{a})$ dieser drei Mengen konstruierbar. Wir zeigen, daß $R'_\nu(A/B) \cap V(\mathfrak{a})$ unter den Voraussetzungen von 4.15.2 sogar Zariski-abgeschlossen ist. Sei $\mathfrak{p}$ ein Primideal aus $V(\mathfrak{a})$ und $\mathfrak{q}$ ein Primideal aus $V(\mathfrak{p})$, das nicht in $R'_\nu(A/B)$ enthalten ist. Wir müssen zeigen, daß dann auch $\mathfrak{p}$ nicht in $R'_\nu(A/B)$ enthalten ist.

Sei $\mathfrak{p} \cap B = \mathfrak{q} \cap B = \mathfrak{r}$. Dann ist $A_\mathfrak{p}/\mathfrak{r}$ Lokalisierung von $A_\mathfrak{q}/\mathfrak{r}$, und $\mathfrak{p}$ ist damit auch nicht in $R'_\nu(A/B)$ enthalten.

Im anderen Fall ist $\mathfrak{p} \cap B = 0$, $\mathfrak{q} \cap B = \mathfrak{m}$ ein maximales Ideal. Es gibt in $\mathfrak{m}$ ein Element t mit $tB_\mathfrak{m} = \mathfrak{m}B_\mathfrak{m}$. Weil A über B flach ist, ist t Nichtnullteiler von A. Außerdem ist A Kettenring. Aus Proposition 5.12.5 aus [2] (Chap. IV, sec. part.) folgt daher, daß $A_\mathfrak{q}$ die Eigenschaften R_ν und S_1 besitzt und gleichdimensional ist. Die Lokalisierung $A_\mathfrak{p}$ von $A_\mathfrak{q}$ besitzt dann ebenfalls diese Eigenschaften. Ist die Charakteristik p des Grundkörpers positiv, so schließt man ebenso, daß auch $A_\mathfrak{p} \otimes_{k(\mathfrak{p} \cap B)} k(\mathfrak{p} \cap B)^{1/p} = (A \otimes_B B^{1/p})_\mathfrak{p}$ diese Eigenschaften hat. Also ist $\mathfrak{p}$ nicht in $R'_\nu(A/B)$ enthalten.

Bemerkung. Unter den Voraussetzungen des Satzes 4.15 *kann man sogar zeigen, daß die Mengen* $S_\nu(A/B)$ *und* $R'_\nu(A/B)$ *in* $\operatorname{Spec}(A/B)$ *abgeschlossen sind.*

§ 5. Eigentliche Morphismen

Sei k ein vollständig nichtarchimedisch nicht trivial bewerteter Grundkörper wie in §3, $f\colon X \to Y$ ein *eigentlicher Morphismus* ([6], §2) analytischer Räume über k und $\mathcal{G}$ eine kohärente Garbe auf X. Die Menge derjenigen Punkte x aus X, in denen G nicht f-flach ist,

ist nach Satz 3.7 analytisch. *Das Bild* $F(\mathscr{G}, Y)$ *dieser Menge in* Y ist ebenfalls analytisch, weil f eigentlich ist ([6], 4.1). Wir wollen zeigen, daß diese Menge „dünn" in Y liegt, wenn Y reduziert ist.

Definition 5.1. *Ein analytischer Raum* Z *heißt reduziert, wenn alle Halme* $\mathcal{O}_{Z,z}$ *der Strukturgarbe* $\mathcal{O}_Z$ *reduzierte Ringe sind.*

Ist $Z = \mathrm{Sp}(A)$, *so ist wegen Bemerkung 3.8* Z *genau dann reduziert, wenn* A *reduzierter Ring ist, weil* A *ausgezeichnet ist* [7].

Daraus folgt, daß für einen beliebigen analytischen Raum Z die *Garbe* $\mathrm{rad}(\mathcal{O}_Z)$ *der nilpotenten Elemente in* $\mathcal{O}_Z$ *kohärentes Ideal ist. Der Raum* Z *versehen mit der Strukturgarbe* $\mathcal{O}_Z/\mathrm{rad}\,\mathcal{O}_Z = \mathcal{O}_{Z_{\mathrm{red}}}$ *heißt* Z_{red}. Jede analytische Teilmenge A von Z trägt auf natürliche Weise die Struktur eines reduzierten abgeschlossenen Unterraumes von Z: $\mathcal{O}_A = \mathcal{O}_Z/\mathscr{J}(A)\,|\,A$. Dabei ist $\mathscr{J}(A)$ das genaue Nullstellenideal von A.

Definition 5.2. *Eine analytische Teilmenge* A *des analytischen Raumes* Z *heißt dünne analytische Teilmenge von* Z, *wenn für jeden Punkt aus* A $\mathscr{J}(A)_z$ *in keinem minimalen Primideal von* $\mathcal{O}_{Z,z}$ *enthalten ist.*

Aus Bemerkung 3.8 folgt, daß *für einen affinoiden Raum* $Z = \mathrm{Sp}(A)$ *die Nullstellenmenge* $V(\mathfrak{a})$ *eines* A-*Ideals* $\mathfrak{a}$ *genau dann dünn in* Z *liegt, wenn* $\mathfrak{a}$ *in keinem minimalen Primideal von* A *enthalten ist.*

Satz 5.3. *Sei* $f\colon X \to Y$ *ein Morphismus analytischer Räume,* $\mathscr{G}$ *eine kohärente Garbe auf* X. *Wenn* Y *reduziert ist, liegt* $F(\mathscr{G}, Y)$ *dünn in* Y.

Da der Satz lokal bez. Y ist, können wir annehmen, daß $Y = \mathrm{Sp}(A)$ affinoid ist. Wir machen Induktion nach $\dim A$. Im Falle $\dim A = 0$ ist nichts zu beweisen; dann ist $F(\mathscr{G}, Y)$ nämlich leer. Sei $\dim A > 0$. Wir bezeichnen mit $\mathfrak{p}_1, \ldots, \mathfrak{p}_n$ die minimalen Primideale von A und mit Y_i, $i = 1, \ldots, n$ die reduzierten Unterräume $\mathrm{Sp}(A/\mathfrak{p}_i)$. Wir müssen zeigen, daß es für jeden Index i, für den $\dim Y_i > 0$ ist, einen Punkt in $Y_i - \bigcup_{j \neq i} Y_j$ gibt, der nicht in $F(\mathscr{G}, Y)$ liegt. Wir beweisen das z.B. für $i = 1$. Da der reguläre Ort von $\mathrm{Spec}(A)$ Zariski-abgeschlossen ist [6], gibt es ein maximales Ideal $\mathfrak{m}$ in $Y_1 - \bigcup_{j \neq 1} Y_j$, so daß $A_{\mathfrak{m}}$ regulärer Ring der Dimension $n > 0$ ist. $A_{\mathfrak{m}}$ ist Z.P.E.-Ring; also gibt es in A ein Element a, dessen Bild in $A_{\mathfrak{m}}$ ein von Null verschiedenes Primideal erzeugt. Es gibt dann einen offenen affinoiden Teilbereich $U = \mathrm{Sp}(B)$ von $\mathrm{Sp}(A)$, der $\mathfrak{m}$ enthält mit folgenden Eigenschaften: *B ist regulärer Integritätsbereich,* $\mathrm{Sp}(B) \cap Y_j = \emptyset$ *für alle* $j \neq 1$, *und das Bild b von a in B erzeugt ein Radikalideal. Es gilt also: $B/b \cdot B$ ist reduziert;*

$$\dim B/bB < \dim B \leqq \dim A .$$

Sei $Z = f^{-1}(U) = X \underset{Y}{\times} U$ und $\mathscr{H} = \mathscr{G} \underset{\mathcal{O}_Y}{\otimes} \mathcal{O}_U$. Wir müssen zeigen, daß $F(\mathscr{H}, U) \neq U$ ist. Sei $\mathscr{H}_j$ der Kern der Abbildung $\mathscr{H} \xrightarrow{b^j} \mathscr{H}$, $j = 1, 2, \ldots$. Die aufsteigende Folge der Untergarben $\mathscr{H}_j$ von $\mathscr{H}$ bricht, sagen wir mit $\mathscr{H}_r$ ab, da Z eine endliche Überdeckung durch affinoide offene Unterräume besitzt. Wir setzen $\mathscr{K} = \mathscr{H}/\mathscr{H}_r$. Es gilt:

$$F(\mathscr{H}, U) \subseteq F(\mathscr{H}_r, U) \cup F(\mathscr{K}, U) \subseteq V(b) \cup F(\mathscr{K}, U) .$$

Es genügt also zu zeigen, daß $F(\mathscr{K}, U) \neq U$ ist. Nach Induktionsvoraussetzung gibt es einen Punkt y in $V(b) = \mathrm{Sp}(B/b)$, der nicht in $F(\mathscr{K}/b\mathscr{K}, \mathrm{Sp}(B/b))$ liegt. Wir behaupten, daß y auch nicht in $F(\mathscr{K}, U)$ liegt:

Sei z ein Punkt aus Z über y, $R = \mathcal{O}_{Uy}$.

Aus der kurzen exakten Folge

$$0 \to R \xrightarrow{b} R \to R/bR \to 0$$

erhalten wir die exakte Folge

$$0 \to \mathrm{Tor}_1^R(\mathscr{K}_z, R/bR) \to \mathscr{K}_z \xrightarrow{b} \mathscr{K}_z .$$

Da $\mathscr{K}_z$ nach Konstruktion von $\mathscr{K}$ keine b-Torsion hat, ist also $\mathrm{Tor}_1^R(\mathscr{K}_z, R/bR) = 0$. Außerdem wurde y so gewählt, daß $\mathscr{K}_z/b\mathscr{K}_z = (\mathscr{K}/b\mathscr{K})_z$ (R/bR)-flach ist. Aus dem Flachheitskriterium 0_{III}, 10.2.2 [2] folgt dann aber, daß $\mathscr{K}_z$ R-flach ist. Da das für alle z über y gilt, liegt y nicht in $F(\mathscr{K}, U)$.

Wir wollen eine Anwendung des Satzes 5.3 angeben.

Sei $\mathscr{G}$ eine kohärente Garbe auf einem analytischen Raum Y.

$\mathscr{G}$ heißt in einem Punkt y von Y lokal frei vom Rang $\varrho_y(\mathscr{G}) = \varrho(\mathscr{G}_y)$, wenn der Halm $\mathscr{G}_y$ der Garbe $\mathscr{G}$ in y freier $\mathcal{O}_{Y,y}$-Modul vom Rang $\varrho(\mathscr{G}_y)$ ist. Ist $Y = \mathrm{Sp}(A)$ affinoid, $\mathscr{G} = \widetilde{M}$ assoziierte Garbe zu dem endlichen A-Modul M ([6], §0), so ist wegen Bemerkung 3.8 $\mathscr{G}$ im Punkte y von $\mathrm{Spec}(A)$ genau dann lokal frei, wenn M_y freier A_y-Modul ist; $\varrho_y(\mathscr{G})$ ist dann der Rang $\varrho(M_y)$ des A_y-Moduls M_y.

Hilfssatz 5.4. *Gegeben sei ein eigentlicher Morphismus analytischer Räume $f: X \to Y$ und eine f-flache kohärente Garbe $\mathcal{G}$ auf X; die direkten Bildgarben $R^0 f_*(\mathcal{G})$, $R^1 f_*(\mathcal{G})$, ... seien in allen Punkten von Y lokal frei. Dann ist für alle Punkte $y \in Y$ und alle ganzen Zahlen n*

$$\varrho_y R^n f_*(\mathcal{G}) = \dim_{k(y)} H^n\big(f^{-1}(y), \mathcal{G} \underset{\mathcal{O}_Y}{\otimes} k(y)\big).$$

Bemerkung. *Nach* [6] *sind die direkten Bildgarben $R^n f_*(\mathcal{G})$ kohärent und die $k(y)$-Vektorräume $H^n\big(f^{-1}(y), \mathcal{G} \underset{\mathcal{O}_Y}{\otimes} k(y)\big)$ endlich.*

Beweis. Ohne Beschränkung der Allgemeinheit können wir annehmen, daß $Y = \mathrm{Sp}(A)$ affinoid ist. Dann sind die Garben $R^n f_*(\mathcal{G})$ assoziierte Garben zu den endlichen A-Moduln $M_n = \Gamma(Y, R^n f_* \mathcal{G}) = H^n(X, \mathcal{G})$. Sei $\mathfrak{V} = (V_i)$, $i = 1, \ldots, r$ eine zulässige Überdeckung von X durch endlich viele offene affinoide Unterräume V_i von X und $C(\mathfrak{V}, \mathcal{G}) = C$ der *Cech-Komplex (der alternierenden Koketten) von $\mathcal{G}$ zu der Überdeckung* $\mathfrak{V}$. Dann ist $C(\mathfrak{V}, \mathcal{G}) \underset{A}{\otimes} k(y) = C\big(\mathfrak{V}, \mathcal{G} \underset{A}{\otimes} k(y)\big)$ der Cech-Komplex der Garbe $\mathcal{G} \underset{A}{\otimes} k(y)$ zur Überdeckung $\mathfrak{V}$.

Da $\mathcal{G}$ f-flach ist, sind auch die A-Moduln $\mathcal{G}(V_{i_1} \cap \cdots \cap V_{i_s})$ flach über A für alle endlichen Durchschnitte $V_{i_1} \cap \cdots \cap V_{i_s}$ (wie man leicht zeigen kann); also sind auch alle A-Moduln $C^\nu(\mathfrak{V}, \mathcal{G}) = C^\nu$ flach über A. Außerdem sind nach Voraussetzung die Moduln

$$H^\nu(C(\mathfrak{V}, \mathcal{G})) = H^\nu(C) = M_\nu$$

flach über A. Daraus folgt aber, daß

$$H^\nu(C) \underset{A}{\otimes} k(y) = H^\nu(C \underset{A}{\otimes} k(y)) = H^\nu\big(C\big(\mathfrak{V}, \mathcal{G} \underset{A}{\otimes} k(y)\big)\big)$$
$$= H^\nu(X, \mathcal{G} \underset{A}{\otimes} k(y)) = H^\nu(f^{-1}(y), \mathcal{G} \underset{A}{\otimes} k(y))$$

ist. Es gilt:

$$\varrho_\nu R^n f_*(\mathcal{G}) = \varrho(M_{ny}) = \dim_{k(y)}(M_{ny} \underset{A}{\otimes} k(y))$$
$$= \dim_{k(y)} H^n(f^{-1}(y), \mathcal{G} \underset{A}{\otimes} k(y)).$$

Satz 5.5. *Sei $f: X \to Y = \mathrm{Sp}(A)$ eine eigentliche Abbildung des analytischen Raumes X in den affinoiden Raum $\mathrm{Sp}(A)$ und $\mathcal{G}$ eine kohärente Garbe auf X. Für zwei ganze Zahlen ν und n ist dann die Menge S der Punkte $y \in Y$, für die*

$$\dim_{k(y)} H^\nu(f^{-1}(y), \mathcal{G} \underset{A}{\otimes} k(y)) = n$$

ist, konstruierbar (im Sinne der Zariski-Topologie) in $\mathrm{Sp}(A)$.

Beweis. Ohne Beschränkung der Allgemeinheit können wir annehmen, daß A ein reduzierter Ring ist. Wegen Satz 5.3 gibt es eine Kette von reduzierten analytischen Unterräumen:

$$\emptyset = Y_{n+1} \subsetneq Y_n = \mathrm{Sp}(A_n) \subsetneq Y_{n-1} = \mathrm{Sp}(A_{n-1}) \subsetneq \cdots \subsetneq Y_0 = Y,$$
$$A_i = A/\mathfrak{r}_i,$$

so daß für $i = 0, \ldots, n$ die Garbe $\mathcal{G}_i = \mathcal{G} \underset{A}{\otimes} A_i$ über allen Punkten aus $Y_i - Y_{i+1}$ Y_i-flach ist und die Garben $R^0 f_* \mathcal{G}_i$, $R^1 f_* \mathcal{G}_i, \ldots$ *(nur endlich viele sind von Null verschieden)* in allen Punkten $y \in Y_i - Y_{i+1}$ lokal frei sind. Sei $M_i = H^\nu(X, \mathcal{G}_i)$ und S_i die Menge der Punkte y aus $Y_i - Y_{i+1}$ für die der Rang des nach Konstruktion freien A_{iy}-Moduls M_{iy} gleich n ist. Dann ist S_i lokal abgeschlossen in $\mathrm{Sp}(A)$ im Sinne der Zariski-Topologie. Aus Hilfssatz 5.4 folgt, daß $S = \bigcup_{i=0}^{n} S_i$ ist.

Folgerung 5.6. *Ist* $\mathrm{Sp}(A) = Y$ *irreduzibel (d.h.* A_{red} *Integritätsbereich), so gibt es in* Y *eine dünne analytische Teilmenge* T*, so daß für alle ganzen Zahlen* ν

$$\dim_{k(y)} H^\nu (f^{-1}(y), \mathcal{G} \underset{A}{\otimes} k(y))$$

konstante Funktion in den Punkten y *aus* $Y - T$ *ist.*

Literatur

1. Bourbaki, N.: Éléments de mathématique. Algèbre commutative, chap. 1,2. Paris: Hermann 1961.
2. Dieudonné, J., et A. Grothendieck: Elements de Géometrie algébrique, chap. III, IV. Publ. Math. de l'I.H.E.S. n° 11, 20, 24, 28.
3. Frisch, J.: Points de Platitude d'un Morphisme d'Espaces analytiques complexes. Inventiones math. **4**, 118—138 (1967).
4. Houzel, Ch.: Espaces analtiques rigides. Seminaire Bourbaki 19e annee, 1966/67. Exp. 327.
5. Kiehl, R.: Note zu der Arbeit von Frisch „Points de Platitude d'un Morphisme d'Espaces analytiques complexes". Inventiones math. **4**, 139—141 (1967).
6. — Der Endlichkeitssatz für eigentliche Abbildungen in der nichtarchimedischen Funktionentheorie. Inventiones math. **2**, 191—214 (1967).
7. — Ausgezeichnete Ringe in der nichtarchimedischen analytischen Geometrie. Erscheint in J. reine u. angew. Math.
8. Tate, J.: Rigid analytic spaces. Private Notes of J. Tate, reproduced with(out) his permission by I.H.E.S.
9. Berger, R., R. Kiehl, E. Kunz u. H. J. Nastold: Zur Differentialrechnung in der analytischen Geometrie. Lecture Notes in Mathematics, Nr. 38. Berlin-Heidelberg-New York: Springer 1967.

Inhalt des Jahrgangs 1953/55:

1. Y. REENPÄÄ. Über die Struktur der Sinnesmannigfaltigkeit und der Reizbegriffe. DM 3.50.
2. A. SEYBOLD. Untersuchungen über den Farbwechsel von Blumenblättern, Früchten und Samenschalen. DM 13.90.
3. K. FREUDENBERG und G. SCHUHMACHER. Die Ultraviolett-Absorptionsspektren von künstlichem und natürlichem Lignin sowie von Modellverbindungen. DM 7.20.
4. W. ROELCKE. Über die Wellengleichung bei Grenzkreisgruppen erster Art. DM 24.30.

Inhalt des Jahrgangs 1956/57:

1. E. RODENWALDT. Die Gesundheitsgesetzgebung der Magistrato della sanità Venedigs 1486—1550. DM 13.—.
2. H. REZNIK. Untersuchungen über die physiologische Bedeutung der chymochromen Farbstoffe. DM 16.80.
3. G. HIERONYMI. Über den altersbedingten Formwandel elastischer und muskulärer Arterien. DM 23.—.
4. Symposium über Probleme der Spektralphotometrie. Herausgegeben von H. KIENLE. DM 14.60.

Inhalt des Jahrgangs 1958:

1. W. RAUH. Beitrag zur Kenntnis der peruanischen Kakteenvegetation. DM 113.40.
2. W. KUHN. Erzeugung mechanischer aus chemischer Energie durch homogene sowie durch quergestreifte synthetische Fäden. DM 2.90.

Inhalt des Jahrgangs 1959:

1. W. RAUH und H. FALK. Stylites E. Amstutz, eine neue Isoëtacee aus den Hochanden Perus. 1. Teil. DM 23.40.
2. W. RAUH und H. FALK. Stylites E. Amstutz, eine neue Isoëtacee aus den Hochanden Perus. 2. Teil. DM 33.—.
3. H. A. WEIDENMÜLLER. Eine allgemeine Formulierung der Theorie der Oberflächenreaktionen mit Anwendung auf die Winkelverteilung bei Strippingreaktionen. DM 6.30.
4. M. EHLICH und M. MÜLLER. Über die Differentialgleichungen der bimolekularen Reaktion 2. Ordnung. DM 11.40.
5. Vorträge und Diskussionen beim Kolloquium über Bildwandler und Bildspeicherröhren. Herausgegeben von H. SIEDENTOPF. DM 16.20.
6. H. J. MANG. Zur Theorie des α-Zerfalls. DM 10.—.

Inhalt des Jahrgangs 1960/61:

1. R. BERGER. Über verschiedene Differentenbegriffe. DM 8.40.
2. P. SWINGS. Problems of Astronomical Spectroscopy. DM 3.50.
3. H. KOPFERMANN. Über optisches Pumpen an Gasen. DM 5.80.
4. F. KASCH. Projektive Frobenius-Erweiterungen. DM 6.—.
5. J. PETZOLD. Theorie des Mößbauer-Effektes. DM 13.80.
6. O. RENNER†. William Bateson und Carl Correns. DM 4.—.
7. W. RAUH. Weitere Untersuchungen an Didiereaceen. 1. Teil. DM 43.80.

MIX
Papier aus verantwortungsvollen Quellen
Paper from responsible sources
FSC® C105338

If you have any concerns about our products,
you can contact us on
ProductSafety@springernature.com

In case Publisher is established outside the EU,
the EU authorized representative is:
Springer Nature Customer Service Center GmbH
Europaplatz 3, 69115 Heidelberg, Germany

Printed by Libri Plureos GmbH
in Hamburg, Germany